KB128303

응진이 들려주는 운율 이야기

오언이 들려주는 공룡 이야기

ⓒ 허민, 2010

초판   1쇄 발행일 | 2010년 9월 1일
초판 12쇄 발행일 | 2021년 5월 31일

지은이 | 허민
펴낸이 | 정은영
펴낸곳 | (주)자음과모음

출판등록 | 2001년 11월 28일 제2001－000259호
주   소 | 04047 서울시 마포구 양화로6길 49
전   화 | 편집부 (02)324－2347, 경영지원부 (02)325－6047
팩   스 | 편집부 (02)324－2348, 경영지원부 (02)2648－1311
e－mail | jamoteen@jamobook.com

ISBN 978－89－544－2213－0 (44400)

오언이 들려주는

공룡 이야기

| 허민 지음 |

ㅣ주ㅣ자음과모음

오언을 꿈꾸는 청소년을 위한
'공룡' 이야기

　공룡은 어떤 동물일까요? 이 물음에 많은 사람들은 공룡은 지금까지 지구상에서 살았던 동물 가운데 가장 크고 무시무시하며 사나운 존재였다고 먼저 이야기할 것입니다. 이러한 생각은 티라노사우루스같이 무서운 육식 공룡들이 사람들에게 오래전부터 각인되었기 때문이라고 생각할 수 있습니다. 물론 여기에는 〈쥐라기 공원〉 같은 공룡 관련 영화가 한몫을 했다 해도 과언이 아닐 것입니다.

　그러나 공룡은 1억 6000만 년 동안 지구에 살면서 아주 다양한 종류로 진화를 하였습니다. 비둘기만 한 아주 작은 공룡에서 30m가 넘는 공룡까지, 지금까지 발견된 600여 종의 공룡을 보면 그 다양함을 알 수가 있습니다. 물론 아직까지 20% 정도의 공룡밖에 발견되지 않았다고 생각하면 앞으로도 공룡 이야기는 계속되리라 생각합니다.

우리는 이 책에서 공룡이라는 단어를 처음 사용한 오언이라는 학자를 통해서 공룡의 모든 것을 공부하게 됩니다. 즉 공룡 자체에 대한 궁금증과 공룡 연구의 역사, 공룡 복제 등에 대해 알아보고, 마지막 수업 '공룡 세계 여행'은 여러분에게 세계 곳곳의 다양한 공룡 화석지를 구경시켜 줄 것입니다.

이 책은 지금까지의 공룡 책과 달리 최근까지 연구되고 밝혀진 새로운 이론으로 접근한 심도 있는 '공룡 지침서'입니다. 여러분은 이 책을 통하여 공룡 시대에 한층 더 가까이 갈 수 있을 것입니다.

그동안 한반도 공룡 화석의 발굴과 연구에 전념하면서 이 책의 기초 자료를 제공해 준 전남대학교 한국공룡연구센터 연구원들과 책의 출판에 노력을 아끼지 않은 (주)자음과모음 관계자 여러분에게 고마움을 전합니다. 특히 시종일관 이 책을 저술하는 데 많은 시간을 할애하여 준 사랑하는 나의 제자 김정균에게 지면으로나마 감사를 표하고 싶습니다.

허 민

차례

1 첫 번째 수업
공룡은 어떤 동물인가? ○ 9

2 두 번째 수업
공룡 되살리기 – 땅속에서 박물관까지 ○ 27

3 세 번째 수업
공룡 연구의 역사, 그리고 초기 개척자들 ○ 49

4 네 번째 수업
공룡으로부터 알 수 있는 것들 ○ 67

5 다섯 번째 수업
백 투 더 디노타임 – 공룡 시대로 돌아가기 ○ 93

6 / 여섯 번째 수업

공룡 시대의 동반자, 익룡과 해양 파충류 ◦ 117

7 / 일곱 번째 수업

공룡은 다시 살아나는가? ◦ 139

8 / 마지막 수업

공룡 세계 여행 ◦ 167

부록

과학자 소개 ◦ 188
과학 연대표 ◦ 190
체크, 핵심 내용 ◦ 191
이슈, 현대 과학 ◦ 192
찾아보기 ◦ 194

공룡은 어떤 동물인가?

지구상에 살았던 수많은 공룡은 사람들에게 어떻게 인식되어 왔을까요?
또 공룡은 다른 동물과 무엇이 다른지 알아봅시다.

1

첫 번째 수업

공룡은 어떤 동물인가?

교.
과.
연.
계.

초등 과학 4-2
중등 과학 2
고등 지학 Ⅰ
고등 지학 Ⅱ

2. 지층과 화석
6. 지구의 역사와 지각 변동
1. 하나뿐인 지구
5. 지질 조사와 우리나라의 지질

오언이 밝은 표정으로
자신을 소개하며
첫 번째 수업을 시작했다.

　여러분, 나는 오언(Richard Owen, 1804~1892)이라고 해
요. 내가 1804년에 태어났으니 살아 있다면 200세가 넘는군
요. 나는 아시아에서 가장 과학을 사랑하는 나라 한국의 청
소년들에게 공룡에 관한 이야기를 들려주기 위해 타임머신
을 타고 이렇게 왔답니다. 나를 유령으로 생각하지 말고 같
은 시대를 사는 선생님으로 생각해 주세요.
　지금부터 우리 함께 공룡에 관하여 이야기해 보도록 합시
다. 무려 1억 6000만 년 동안 지구를 지배했던 거대한 파충
류에 관한 이야기를요.

공룡, 그 다양한 이야기

사람들에게 공룡을 어떻게 생각하는지 물어보면 대부분 영화 〈쥐라기 공원〉에서 나오는 티라노사우루스가 먼저 떠오른다고 합니다. 여러분도 그런가요? 영화에는 몸길이 23m가 넘는 목이 긴 브라키오사우루스도 나오고 날렵하면서 무서운 벨로키랍토르도 등장하는데, 많은 사람들은 티라노사우루스를 먼저 떠올리지요.

그만큼 티라노사우루스가 인상적이었나 봐요. 몸길이 12m에 1m가 넘는 커다란 머리통, 무시무시한 이빨이 우리를 자극한 셈이죠. 강력한 턱과 날카로운 이빨은 순식간에 살점과 뼈를 물어뜯어 치명적인 상처를 입히고 먹잇감을 죽이는 장면을 떠올리게 하기 때문이죠. 진정 공룡의 제왕이라는 호칭에 어울리네요.

그런데 여러분, 티라노사우루스 앞발이 너무 작다는 생각이 들지 않나요? 겨우 두 개뿐인 것도 그렇고, 커다란 덩치에 비해 너무 작아서 아무런 쓸모가 없을 것 같아요. 하지만 우리는 티라노사우루스 하면 그저 크고 무섭다고만 생각한답니다.

최근에 티라노사우루스의 골격 구조와 발자국의 길이를 측

정한 결과 티라노사우루스는 잘 달리지 못했다고 합니다. 강력한 다리 덕분에 이동에는 문제가 없었다 할지라도 커다란 머리와 불균형한 다리뼈 각도 때문에 빠르게 달릴 수 없었다고 해요.

더군다나 그들의 보폭과 보행 길이를 측정해 보았더니 시속 20km가 넘지 않았다는 놀라운 결과도 얻었어요. 오래전 교과서에 티라노사우루스의 최고 속도가 시속 70km는 족히 넘었다고 했거든요. 이 속도 측정은 한국 학자들에 의해 이루어지고 있답니다.

여러분도 알다시피 한국은 다른 나라와 비교할 수 없을 정

도로 공룡 발자국이 많고 잘 보존된 곳이잖아요. 물론 전라
남도 해남군의 해남이크누스를 비롯한 세계 최대 규모의 익
룡과 새 발자국은 말할 것도 없지요.

한때 〈한반도 공룡〉이라는 다큐멘터리가 인기를 끌었는데,
여기에도 아시아의 티라노사우루스인 타르보사우루스가 '점
박이'라는 이름으로 등장하지요. 마지막에 테리지노사우루
스와 혈전을 벌인 후 호숫가에 몸을 맡긴 채 새끼들이 보는
앞에서 그만 생을 마감하는 점박이를 보면서 많은 어린이들
이 하염없이 울었답니다. 공룡 제왕의 죽음이었으니까요.

참으로 공룡은 매력적인 존재인 것 같아요. 사람들마다 공
룡을 좋아하는 이유가 많습니다. 어떤 사람은 무시무시하다
고, 어떤 사람은 매우 크다고, 어떤 사람은 종류가 많다고 좋
아하지요. 또 어떤 사람은 〈포켓몬스터〉에 등장하는 동물 종
류와 비슷하다며 좋아하기도 하지요. 아무튼 모두 공룡 이름
을 줄줄 웁니다. 이유가 어떠하든 공룡이 전 세계 사람들에
게 사랑을 받고 있는 것은 사실인 듯 싶어요.

내가 '공룡'이라는 단어를 처음 제안한 때가 1841년이었
으니까, 그때부터 계산하면 공룡은 실로 170여 년 동안 많은
사람들에게 사랑을 받고 있어요. '공룡(dinosaur)'은 그리스
어로 '무서운(deinos) 도마뱀(sauros)'이라는 뜻에서 유래했

어요.

지금은 영화, 게임, 애니메이션, 각종 모형과 장난감, 심지어 공룡 연극까지 만들어져서 우리에게 다시 살아나고 있으니 이러한 공룡의 이야기는 끊이질 않을 것 같아요. 왜 공룡이 그토록 인기가 있는지에 대해서는 심지어 심리학자조차도 대답하기 어렵다고 말합니다.

공룡은 다른 동물과 어떻게 다른가?

공룡은 다른 동물과 어떻게 다를까요? 개구리 같은 양서류와 악어나 도마뱀 같은 파충류, 호랑이나 코끼리 같은 포유

동물과 공룡은 어떠한 차이가 있을까요? 생김새, 몸집, 걸음걸이 등이 조금씩 다릅니다. 공룡과 같은 파충류 집단에 속하는 악어나 도마뱀과도 비교해 보세요. 생김새도 다르지만 걸음걸이도 다릅니다.

공룡은 다음과 같은 특징에 의해 다른 동물과 달리 분류된답니다.

첫째, 공룡은 중생대에만 살았던 파충류입니다. 이 주장에 의문을 제기하는 사람이 많을 것입니다. 최근 중국 랴오닝 성에서 깃털 달린 공룡들이 발견되면서 공룡은 지금의 새(조류)로 진화한 변온 동물이라기보다 정온 동물에 더 가깝다는 주장이 있습니다. 그래서 파충류가 아닌 새로운 계통으로 구별하자는 학설이 우세해지고 있지요. 이 논의는 일곱 번째 수업에서 자세히 이야기할 것입니다.

그러나 공룡은 현재까지는 파충류로 분류됩니다. 공룡은 지금으로부터 2억 2500만 년 전인 중생대 트라이아스기에 나타나 6500만 년 전 백악기 말까지 무려 1억 6000만 년 동안 지구를 지배했습니다. 우리 인간의 진화는 길어야 300만 년으로 보는데, 공룡의 장구한 시간과는 비교가 되지 않지요. 공룡은 파충류, 조류, 어류, 포유류처럼 진화를 거듭하며 살아왔지요. 특히 공룡은 악어같이 안구 뒤에 두 쌍의 구멍이 발달한 머리뼈를 가진 이궁형 파충류입니다.

척추동물은 머리뼈의 구조에 따라 크게 네 가지로 분류됩니다. 거북같이 안구 뒤에 구멍이 없는 무궁형, 포유류같이 안구 뒤에 구멍이 하나 있는 단궁형, 공룡을 비롯한 도마뱀·악어·새 같은 이궁형, 어룡·수장룡 같은 측궁형으로 나눌 수 있습니다. 공룡의 피부는 지금의 파충류같이 비늘로 덮여 있었고, 알을 낳았습니다.

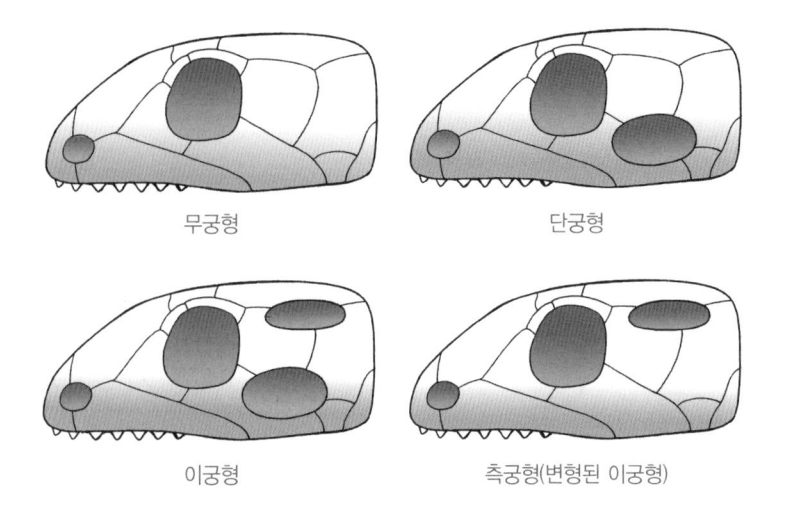

무궁형

단궁형

이궁형

측궁형(변형된 이궁형)

척추동물의 머리뼈(두개골) 구조에 따른 분류

둘째, 공룡은 땅 위에서만 살았던 육상 동물입니다. 당시

하늘에는 익룡, 바다에는 어룡과 수장룡이 살았지요. 이들은 하늘을 나는 파충류, 바다의 파충류로 불리며 엄연히 육상 파충류인 공룡과 구별되지요.

셋째, 모든 공룡은 몸 아래로 곧게 뻗은 다리를 가졌습니다. 이 점은 팔다리가 몸 옆으로 뻗어 구부러져 나온 거북, 악어, 도마뱀 같은 파충류와 엄격히 구분되는 중요한 특징입니다. 도마뱀, 악어는 몸 옆 직각으로 뻗은 다리를 이용해 엉금엉금 기어 다닙니다. 앞으로 나아가기 위해서는 다리를 지그재그로 틀면서 이동하죠. 이들은 자신의 무게를 온전히 다리에 의지해야 하는 중량감에 시달리고, 몸이 움직일 때마다

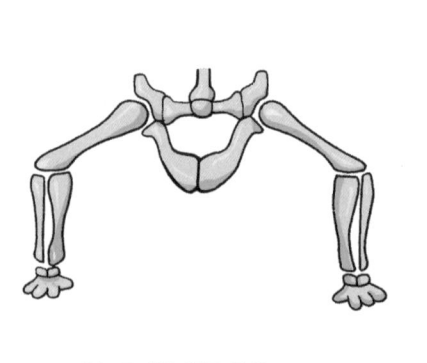

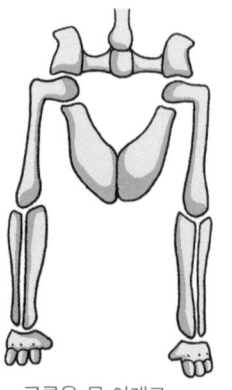

거북, 도마뱀, 악어 등은
옆으로 뻗은 다리를 가짐

공룡은 몸 아래로
곧게 뻗은 다리를 가짐

공룡과 다른 파충류의 다리뼈 비교

폐를 압박해 호흡을 어렵게 합니다.

반면에 공룡은 곧은 다리로 자유롭게 돌아다녔고, 호흡도 자유로웠습니다. 이러한 직립 자세가 공룡을 아주 오랫동안 지구에 살면서 다양한 종류로 만들었던 이유 중 하나입니다. 공룡은 생태계의 모든 단계에서 포유류를 능가할 정도로 성공적이었던 생명체였으니까요.

공룡의 분류

고생물학자들은 공룡의 두개골과 어깨, 척추, 손, 골반, 뒷다리에 있는 뼈에 나타난 세세한 특징을 통해 공룡을 다른 화석 동물과 구별하였습니다. 이를 통해 공룡이 똑바로 선 다리와 곰처럼 평평한 발이 아닌 발가락을 딛고 걸었다는 것을 알 수 있었죠.

화석으로 발굴된 공룡 뼈만으로 공룡의 몸체가 어떻게 작동했는지는 확실히 알 수 없지만, 공룡은 아주 활동적인 동물이었다는 점에서 다른 파충류와 구분되지요.

이런 활동적인 점 때문에 '공룡이 정온 동물이었을 수도 있다'는 주장이 제기되고 있는 것입니다. 아마 몸집이 작은

종은 조류나 포유류처럼 체내에서 열을 생성했을 것이고, 몸집이 큰 종은 몸이 너무 커서 밤에도 열이 식지 않았을 것입니다.

그러나 공룡은 몸집의 크기 여하를 막론하고 보통의 파충류처럼 추운 환경에서도 나태해지지 않았으며, 항상 먹이를 사냥하거나 짝짓기를 하기 위해 부단히 움직였을 것입니다.

1887년 영국의 해부학자인 실리(Harry Seeley, 1839~1909)는 공룡의 골반에는 서로 다른 두 가지 종류가 있음을 밝혀냈어요. 어떤 공룡들은 전형적인 도마뱀과 같은 골반 구조를 가졌는데, 실리는 이 공룡들을 용반류(도마뱀의 골반을 가진 무리)라 불렀습니다. 또 다른 공룡들은 현생 조류의 것과 비슷한 골반을 가졌다 해서 조반류(조류의 골반을 가진 무리)라

과학자의 비밀노트

실리(Harry Govier Seeley, 1839~1909)
공룡 분류에 큰 기여를 한 영국의 해부학자. 당시 발가락과 이빨을 기준으로 다양하게 분류되고 있던 관행과 달리 골반과 관절의 구조를 기준으로 공룡을 용반류(Saurischia)와 조반류(Ornithischia)로 분류하고 1888년 그 연구 성과를 발표하였다. 그리고 대표적인 저서 《하늘의 용들(Dragons of the Air)》(1901)에서 프테로사우루스(익룡류)가 조류와 매우 흡사함을 밝힌 것으로 유명하다.

불렀습니다.

공룡의 골반은 위에는 장골(엉덩뼈), 아래쪽 앞에는 치골(두덩뼈)과 뒤에는 좌골(궁둥뼈)로 이루어져 있습니다. 용반류 공룡의 경우 장골이 비교적 높고 길이가 짧으며, 치골이 앞쪽으로 틀어져 있다는 것이 특징입니다.

조반류의 경우에는 장골의 높이가 낮지만 길이가 상대적으로 길며 치골이 뒤쪽을 향해 틀어져 있습니다. 이러한 엉덩뼈 또는 허리뼈로 불리는 부위는 공룡의 척추와 뒷다리의 연결 지점이면서 무게의 중심이 잡히는 부위이기 때문에 공룡

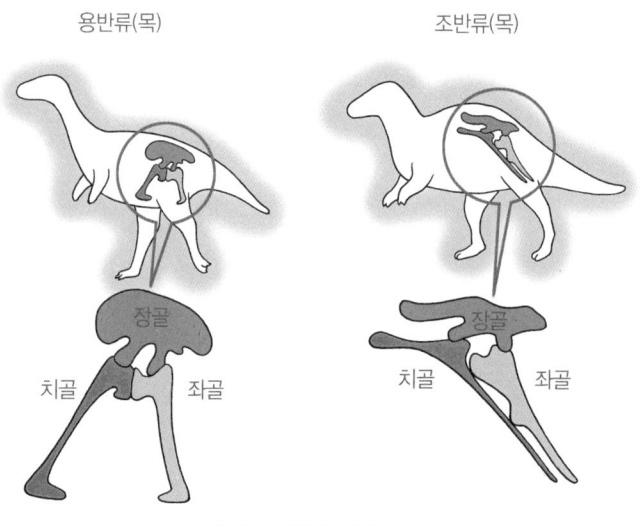

공룡의 골반(엉덩뼈) 구조

을 분류할 때뿐만 아니라 공룡의 해부학적 특성을 이해하는
데 매우 중요합니다.

용반류는 초식 공룡인 용각류와 육식 공룡인 수각류로 구
분할 수 있지요. 조반류는 단단하게 무장된 티레오포라와 조
각류, 그리고 머리 부분의 변형이 심한 마르기노케팔리아로
나뉩니다. 티레오포라의 대표적인 종류로는 일명 검룡인 스
테고사우루스류와 곡룡인 안킬로사우루스류가 속합니다.

조각류에는 헤테로돈토사우루스류, 힙실로포돈류와 이구
아노돈류로 나누어지지요. 이구아노돈류에는 또한 '오리주
둥이 공룡'으로 유명한 하드로사우루스류가 포함됩니다. 마

과학자의 비밀노트

검룡과 곡룡

지금까지 알려진 검룡과 곡룡은 모두 네 발로 걸었으며 몸이 빠르게 움
직이는 데 부적절한 형태이었지만, 몸 전체적으로 무장이 잘되어 있어 포
식자들로부터 효과적으로 자신들을 보호하던 공룡으로 여겨진다.

• 검룡 – 목에서 꼬리까지 넓적한 등판과 날카로운 스파이크가 잘 발달
　되어 있다. 몸통은 상당히 큰 반면에 머리 크기가 매우 작은 것이 특징
　이다. 스테고사우루스가 대표적이다.

• 곡룡 – 검룡에 비해 몸의 높이가 낮고 움직임이 느리다. 목에서 꼬리
　까지의 표면에 단단한 갑옷을 갖추고 있으며, 일부 종류는 꼬리에 잘
　발달된 곤봉을 갖추고 있기도 하다. 안킬로사우루스가 대표적이다.

르기노케팔리아는 두개골 주변에 발달된 돌기(frill)의 존재가 가장 큰 특징인데, 여기에는 일명 빡빡이 공룡인 파키케팔로사우루스류와 앵무새 주둥이를 가진 케라톱스류로 나뉩니다. 여기서 '-류'는 비슷한 종류의 집단을 이야기하며, 그 안에 더 많은 공룡의 종류가 들어 있다는 뜻이지요.

용반류	수각류(육식 공룡)	티라노사우루스, 알로사우루스, 벨로키랍토르 등
	용각류(초식 공룡)	브라키오사우루스, 부경고사우루스 등
조반류		이구아노돈, 파키케팔로사우루스, 트리케라톱스, 스테고사우루스 등

공룡 종의 분류법

우리는 공룡을 분류할 때 크게 분기법적 분류와 린네식 분류법을 사용한답니다. 많은 고생물학자들이 각 종들 사이의 관계를 설명하는 데 분기법적 분류를 선호하지만, 학계에서는 라틴어 학명을 쓰는 린네식 분류법이 표준으로 남아 있어요. 대개 우리는 전통적인 방법으로 생물을 분류하므로 린네식 분류법을 많이 쓴답니다.

스웨덴의 식물학자인 린네(Carl von Linné, 1707~1778)
는 1758년에 '자연의 체계'라고 불리는 거대한 분류 체계 속
에 살아 있는 모든 존재들을 정리했는데, 린네는 생물학의
기초 단위가 종(種)이라는 점을 인정하고 점점 더 확장되는
집단 속에 종을 함께 분류하기 위한 복잡한 체계를 발달시켰
지요.

서로 관련된 종은 같은 속(屬)으로 분류하였으며, 속은 과
(科) 안으로, 과는 목(目) 안으로, 목은 강(綱) 안으로, 강은 문
(門) 안으로, 그리고 문은 계(界) 안으로 분류한 것이죠. 예를
들어, 티라노사우루스 렉스는 다음과 같이 분류되지요.

Kingdom 계						동물계
	Phylum 문					척삭동물문
		Class 강				파충강
			Cohort 족			공룡류
				Order 목		용반목
					Family 과	티라노사우루스과
					Genus 속	티라노사우루스속
					Species 종	렉스

우리는 이렇게 기다란 이름을 사용하지 않고 이명법에 따라 속명과 종명만을 가지고 그들의 이름을 붙인답니다. '티라노사우루스 렉스'라는 이름으로 말이죠.

오늘 첫 수업은 너무 딱딱했나요. 모든 공부가 처음에는 약간 딱딱하고 복잡하게 마련이죠. 먼저 기본적인 이론을 정립해야 하니까요. 다음 수업은 좀 더 쉽게, 그리고 함께 공룡이 뛰놀던 시대를 상상하면서 공부하도록 해요.

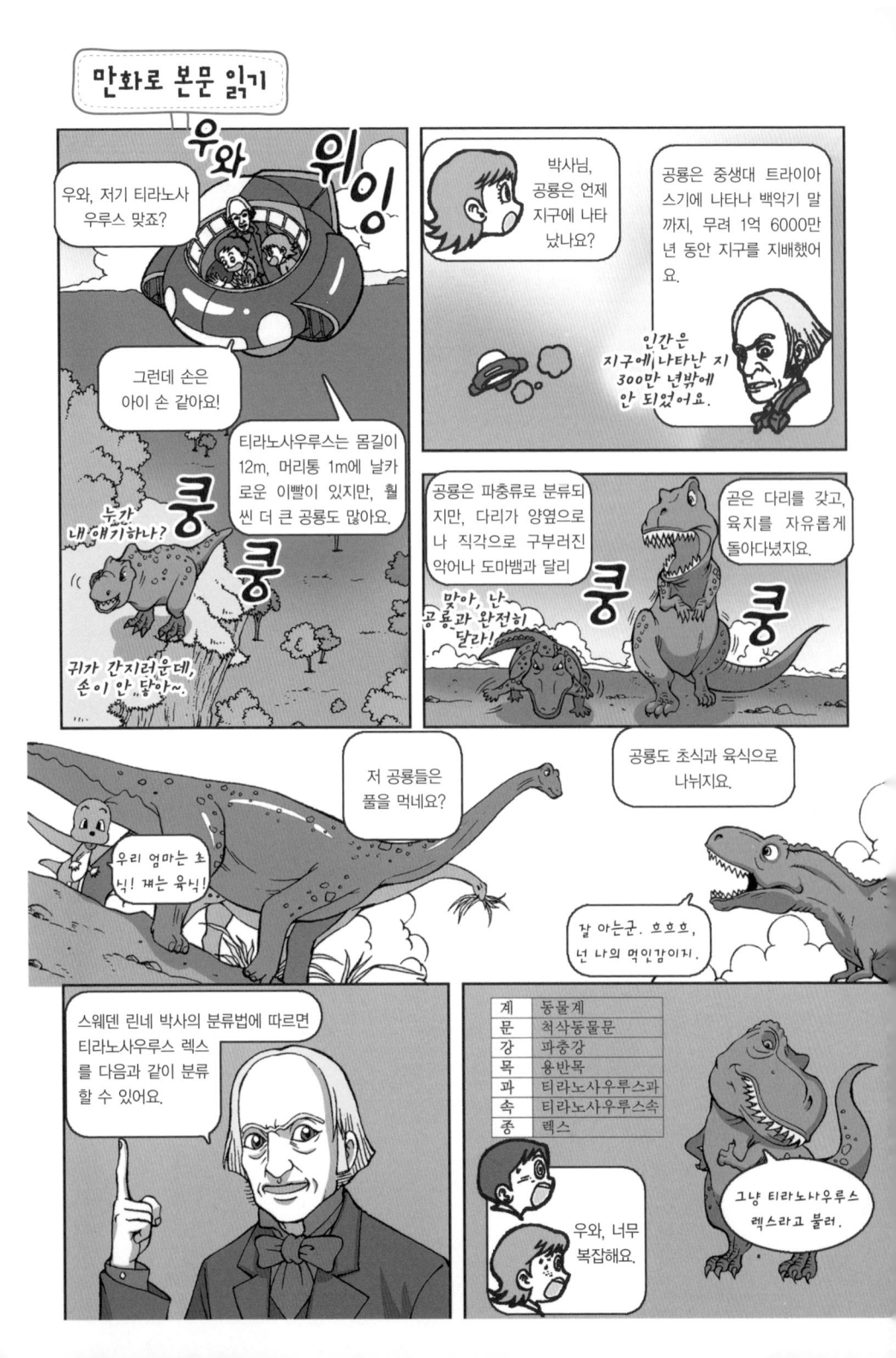

2

공룡 되살리기
– 땅속에서 박물관까지

땅속에서 공룡 화석을 발굴하고 실내에서 복원한 뒤
박물관에 전시하기까지의 모든 과정을 알아봅시다.

2

두 번째 수업

공룡 되살리기
– 땅속에서 박물관까지

교. 초등 과학 4-2   2. 지층과 화석
과. 중등 과학 2   6. 지구의 역사와 지각 변동
연. 고등 지학 Ⅰ   1. 하나뿐인 지구
계. 고등 지학 Ⅱ   5. 지질 조사와 우리나라의 지질

오언이 학생들에게
공룡학자가 되는 상상을 하게 하며
두 번째 수업을 시작했다.

　자, 오늘은 여러분이 직접 공룡학자가 되어 보는 상상을 하
며 수업을 하겠습니다. 바닷가에서 그리고 수풀이 우거진 야
외 현장에서 직접 화석을 찾아보고, 이들을 발굴하여 실내에
서 학술적으로 복원한 뒤 복제하여 박물관에 전시하는 일까
지 여러분이 직접 참여하는 것입니다.

　지구상의 생명체는 얼마나 많을까요? 또 46억 년의 지구
역사 속에서 생명체가 화석으로 남아 있을 확률은 얼마나 될
까요?

　이 질문에 여러분은 많은 생각을 하게 될 것입니다. 우리가

알고 있는 화석이 무궁무진하니까요. 지구상의 생명체는 그 다양성이 거의 무한합니다. 우리 주변에는 식물, 동물, 그리고 다른 형태의 생명체가 다양한 모습으로 존재하지요.

화석이 한때 존재했던 생명체의 잔해라는 것을 처음 깨달은 순간부터, 인간은 화석을 이해하려고 노력해 왔습니다. 고생물학, 즉 고대의 생명체에 관해 연구하는 이 학문은 이렇게 한때 살았던 생물들의 예전 모습과 생활 방식, 습성, 진화, 그리고 각각의 관계를 재구성하는 일이지요.

고생물학적 작업은 현장에서 표본을 수집하는 일뿐만 아니라 실험실에서의 연구까지 포함됩니다. 여기에서 우리는 화석의 구조나 화석이 되기까지의 과정, 그리고 각 화석들 간의 유사성 내지 차이점 등을 연구하는 것입니다.

고생물학은 우리에게 지구상의 생명체에 대한 좀 더 넓은 시각을 제공해 주지요. 즉, 현재의 생물이 어떻게 발생했으며, 또 그들이 각각 서로 어떻게 관련되어 있는지 보여 주는 것이기 때문이지요.

그럼 이제부터 우리 함께 공룡을 되살려 볼까요?

공룡 화석을 찾아라

어느 날 새벽이었어요. 갑자기 울리는 전화벨에 급하게 일어나 전화를 받았습니다. 웬 노인이 전날 해질 무렵 아주 큰 공룡알을 발견했다고 했습니다. 밤새 여기저기 수소문하여 겨우 공룡연구센터를 찾아 전화를 했다며 막무가내로 찾아오겠다고 했습니다. 공룡알이 진품인지 아닌지 지금 상태는 어떠한지 물어볼 시간도 주지 않고 막무가내로 전화를 끊었습니다. 시계를 보니 새벽 4시였습니다.

노인을 만난 건 아침 8시였습니다. 마치 1등 복권에 당첨된 듯 할머니와 함께 의기양양하게 들어왔습니다. 두 손에는 큰 보자기 두 개가 들려 있었는데, 거기에는 그들이 공룡알이라고 주장하는 물체가 싸여 있었습니다.

자세히 들여다보니 그건 공룡알이 아니라 결핵체였습니다. 결핵체는 퇴적물이 암석으로 변하는 과정에서 특수한 광물질끼리 핵을 중심으로 동심원적으로 굳어진 퇴적 구조 중의 하나입니다. 마치 양파 껍질같이 잘 벗겨져서 누구나 공룡알로 오인하기 쉬운 물체입니다. 노인은 아무 말 없이 보자기를 다시 싸기 시작했습니다.

이 일은 한국에서 실제 일어났던 일을 재구성하여 본 것입니다. 여러분도 야외에서 공룡알 같은 물체를 발견한다면 내가 말한 할아버지와 같이 흥분할 것입니다. 이런 일은 일상에서 흔하게 일어나는 것이 아니니까요.

여러분은 공룡 화석을 직접 찾은 적이 있나요? 만일 찾은 적이 있다면 어떻게 찾았나요?

오언의 질문에 학생들은 다소 당황한 듯 한동안 대답이 없었다.

아직 공룡 화석을 직접 본 학생은 없는 모양이군요. 그럼 질문을 바꿔 볼까요? 공룡 화석을 찾기 위해서 우리는 먼저 어떠한 지식을 가지고 있어야 할까요?

__ 공룡이 동물이니까 동물학이 아닐까요?

틀린 말은 아닙니다. 하지만 공룡은 화석으로만 존재하지요. 화석을 찾기 위해서는 먼저 지질학에 대한 지식을 가지고 이 물체가 암석인지 아니면 퇴적 구조에 의해 생긴 것인지, 또한 뼈 조각인지 아니면 광물 조각인지 알아야 합니다.

야외에서 화석을 구분한다는 게 그리 쉬운 일은 아니지요. 더욱이 많은 화석들은 수풀 속이나 퇴적층에 감추어져 있으니 이들을 발견한다는 게 여간 어려운 게 아닙니다. 몽골의 고비 사막이나 북미의 로키 산맥 같은 곳도 마찬가지이지요. 다만 그곳은 수풀이 없는 허허벌판이니 수풀이나 암석으로 빽빽한 다른 퇴적층보다 약간 쉬울 수도 있습니다.

나는 화석을 찾기 위해서는 독수리 같은 눈과 소 같은 근성을 가져야 한다고 이야기합니다. 이는 독수리같이 멀리서 전체를 볼 수 있어야 하고, 소같이 묵묵히 일해야 한다는 뜻이지요. 멀리서 전체를 보기 위해서는 우선 암석을 색으로 구분할 수 있어야 하고, 지층이나 땅의 구조를 알아야 합니다. 소같이 묵묵히 화석지를 누비는 것도 중요합니다.

더위에 지치고, 힘들다고 탐사를 게을리하면 화석을 발견하기 쉽지 않습니다. 끈기 있게 지층 하나하나를 꼼꼼히 들여다보는 연습이 필요합니다.

다시 말해 아무런 사명감 없이 무작정 화석을 찾아다닌다는 것은 시간적으로 손해입니다.

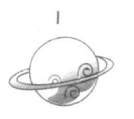

화석은 말을 하지 않는다

우리는 화석을 제대로 찾으려면 지질학에 대한 지식을 가져야 한다는 걸 알았습니다. 그런데 화석은 어떻게 땅속에서 옛날 모양 그대로 온전히 잘 보존되어 있을까요?

내가 1841년 공룡이란 말을 처음 사용했을 때만 해도 여기저기에서 발견된 뼈들이 어떤 종류의 뼈인지, 이 뼈는 어느 부위에 맞는 것인지 도무지 알 수가 없었습니다. 여러분이 알다시피 오래전에 살았던 동물들이 아무리 좋은 퇴적 환경에서 죽어 화석이 되었다 할지라도 땅속에서 몸체 전부를 수천 년, 아니 수억 년 동안 완벽하게 보존하기란 쉬운 일은 아니죠.

동물이 죽은 곳이 바닷가나 호수 또는 육지 한가운데라 할지라도 매일매일 불어 대는 바람이나 강물 등이 그들을 가만두지 않기 때문이죠. 더욱이 비바람이 강하거나 홍수로 강물이 범람하거나, 이곳저곳에서 지진이 나서 땅이 갈라지고 화산재가 날아오기도 하며, 바닷물이 갑자기 쓰나미가 되어 육지를 덮치기도 하기 때문에 자연 상태에서 온전하게 몸통을 보존한다는 게 너무 어려운 현실이죠.

그래서 발견한 뼈들을 가지고 공룡의 종류를 파악하기가

쉽지 않아요. 나도 처음에는 실수를 많이 했답니다. 거의 짜 맞추기를 했다고 해도 과언이 아니죠. 그래서 공룡 앞발의 엄지발가락을 뿔로 착각하기도 하고, 이빨을 발톱으로 오인하기도 했답니다. 그런 과정을 거친 후에야 비로소 영국과 프랑스 여기저기에서 나타난 각종 뼈들을 분류하고 배치하면서 공룡이란 존재를 어렴풋이 알게 되었어요.

이렇듯 화석은 아무 말을 하지 않습니다. 다만 우리가 그들의 존재를 알 때까지 말입니다. 우리는 화석의 존재를 알기 위해 부단히 노력하지요. 처음 화석을 본 순간 '너는 누구냐?'로 시작합니다. 하루하루 땅속에서 그들의 존재를 확인하면서 비로소 그들이 누군지 서서히 알게 되는 것이지요. 물론 그들에 대해 지식이 없으면 그나마도 어렵지요.

자연과의 사투, 화석 발굴

화석이란 무엇일까요? 화석이란 한마디로 지질 시대 동안 살았던 동물 또는 식물의 유해나 활동 흔적을 일컫는 말입니다. 이들은 뼈가 중심이 된 체화석(body fossil)과 발자국, 알, 둥지, 분비물, 섭식 흔적처럼 생물들에 의해 남겨진 흔적인 흔적 화석(trace fossil)으로 크게 구분할 수 있습니다. 화석은 무려 46억 년의 지구 속에서 제각기 탄생하고 멸종을 거듭하면서 살아온 생명체인 것입니다.

그럼, 화석은 어떻게 형성될까요? 가장 흔한 화석화의 과정에는 유기체 혹은 유기체에 의해 생성된 물체가 퇴적물에 매장되는 과정이 포함됩니다. 그런 다음 이 유기체나 물체로

부터 만들어진 본래의 물질은 점차 광물로 대체되는 것이죠. 몇몇 화석들은 이러한 방식으로 형성되지 않기도 합니다. 본래의 물체가 지하수에 의해 파괴되고, 그 후에 광물이 그 물체의 자연적인 복제품을 형성하기도 하지요.

두 과정 모두 오랜 시간이 걸리지만, 여러 가지 실험을 통해 화석이 훨씬 더 빨리 형성되는 경우도 있음이 밝혀졌습니다. 이 경우에는 생물이 죽은 후 곧바로 조직 내에 광물 결정체가 형성되는데, 이는 부패가 시작되기도 전에 몇 주 내로 화석화 과정이 시작된다는 것을 의미합니다. 이러한 종류의 화석에는 혈관이나 근육 섬유질, 심지어 특별한 조건에서는 깃털까지도 보존될 수 있습니다.

해파리나 연체동물처럼 몸이 부드러운 동물은 화석 기록에 잘 나타나지 않지요. 하지만 부드러운 퇴적물에 빠르게 매장

되고 여기에 덧붙여 특별한 박테리아가 존재하게 되면, 화석화될 수 있습니다. 이러한 조건에서는 피부나 내장과 같이 부드러운 몸을 가진 생물도 완벽하게 보존될 수 있죠. 미라나 시베리아의 언 땅속에 보존된 매머드 같은 종이 좋은 예지요. 새로운 대체 광물로 이루어진 화석은 원래의 생물보다 더 단단하고 무겁게 변합니다.

화석은 보통 원래 색깔과 차이를 보입니다. 또한 암석 내의 압력으로 형태가 변형되기도 하지요. 어떤 화석들은 전문가들이 원래의 형태를 상상하기 어려울 정도로 상당히 변형되어 있기도 한답니다.

화석을 암석으로부터 분리해 낸다는 것은 여간 어려운 일이 아닙니다. 수억 년 동안 모진 풍파 속에서 보존된 화석을 끄집어 낸다는 것은 그리 쉬운 일이 아니기 때문입니다.

바닷가에서는 모진 비바람과 추위로 고생을 하고, 내륙 수풀 속에서는 더위와 모기와의 전쟁을 하죠. 어떤 때는 머리 위에 있는 암석이 굴러떨어지기도 하고, 어떤 때는 망치질을 하다가 튄 돌에 눈을 다치기도 하지요.

암석의 종류나 강도에 따라 화석 발굴법이 달라서 고생물학자들은 화석을 발굴하기 위해 여기저기 구멍을 파헤치지는 않습니다. 오랜 경험과 지식을 바탕으로 발굴 현장을 파

악하는 것이죠. 어떤 화석들이 들어 있는지, 화석들을 둘러
싸고 있는 퇴적층은 어떻게 발달되어 있는지, 이들 하나하나
에 대해 그림을 그리고 사진을 찍어 카메라에 담아 둡니다.
한마디로 발굴 현장을 보존하는 것이죠.

몽골에서 작업 중인 한국공룡연구센터 발굴팀

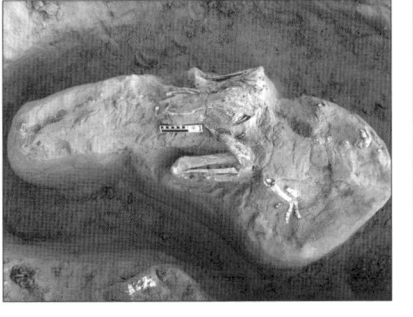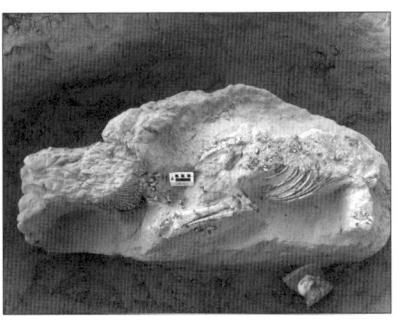

한국공룡연구센터 발굴팀이 발굴한 초기 케라톱시안류의 공룡 화석

공룡알 화석지 전경과 발굴된 공룡알(전라남도 보성군)

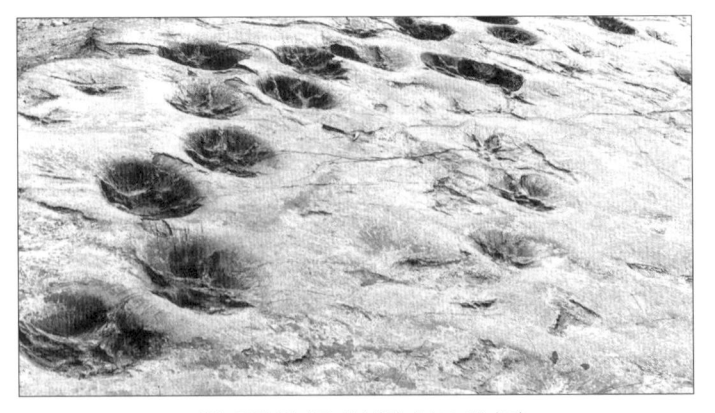

대형 공룡 발자국 화석(전라남도 해남군)

과거 재현하기 그리고 공룡 복원

이제 우리는 땅속에서 화석을 찾았고 그것을 발굴하였습니다. 이제 남은 것은 화석을 실내로 옮겨 와 원래 모양으로 복원하는 일이지요. 이러한 복원을 위해서는 먼저 과거 이 생명체가 지질 시대 동안 어떠한 환경에서 살았으며 그들 주변에는 어떠한 생물이 있었는가를 밝히고, 화석 자체 하나하나를 옛것과 동일하게 맞추어 내야 합니다.

고생물학자들은 백악기의 늪지대 같은 선사 시대의 환경을 옛날 그대로 재현해 낸답니다. 이를 위해 허턴(James Hutton, 1726~1797)이 주장했던 동일 과정설을 먼저 생각할 수 있지요.

즉 현재의 환경은 과거에도 동일하게 만들어졌다는 것이죠. 오늘날 고환경의 복원에 관한 연구는, 각각 성질이 다른 퇴적물들은 각각 다른 자연 환경 속에 쌓인다는 점을 보여 줍니다. 많은 생명체들은 특정 서식지에서 서식하며, 화석의 외형적 특징을 통해 그 동물이 살아 있는 동안 어떤 자연 환경을 좋아했는지 알 수 있습니다.

이러한 단서들을 이용해 고생물학자들은 어떠한 환경에서 화석 퇴적물이 나타나는지 연구할 수 있는 것이죠. 화석 자

체는 그들 생활 방식의 특징을 드러내기도 합니다. 잘 보존된 위의 내용물이나 이빨에 물린 자국 등 화석 동물들 간의 상호 작용 역시 때때로 발견됩니다. 이러한 모든 증거들을 종합하여, 고생물학자들은 과거에 존재하였던 자연 환경과 생태계를 재현할 수 있는 것입니다.

그럼 공룡 뼈는 어떻게 복원될까요? 야외에서 발굴된 공룡 뼈들을 실내로 이동할 때는 화석이 내포된 암석이 파괴되지 않도록 접착제로 깨진 틈을 메우고 이들을 석고로 감싸는 작업을 합니다. 공룡 화석들은 대부분 몸체가 크기 때문에 크레인이나 헬리콥터를 이용하여 실내로 옮기죠.

실내로 옮겨진 공룡 화석들은 먼저 포장을 풀고 석고를 뜯어냅니다. 그런 다음 공기 압축기와 치과용 끌을 이용하여 뼈 하나하나를 드러내는 작업을 한답니다. 이 작업은 수억 년 동안 암석 속에 단단하게 굳어진 화석을 노출시키는 일로 섬세함이 요구됩니다.

또한 화석과 그것을 둘러싸고 있는 퇴적물을 분리하는 일은 아주 오랜 시간이 소요됩니다. 1년은 보통이고 경우에 따라 4~5년이 걸리기도 합니다. 사진에 보이는 전라남도 보성군에서 발굴한 힙실로포돈류 공룡 뼈는 발굴에서 복원까지 무려 6년이 걸렸답니다.

화석 캐내기

석고로 감싸기

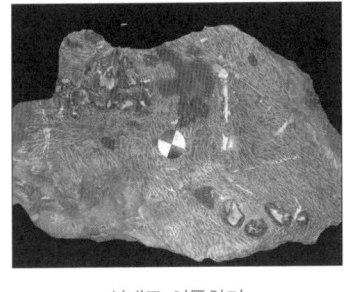

실내로 이동하기

석고 떼어 내고 윤기 내기

공룡 뼈 화석 중 일부

박물관의 인기짱, 공룡 화석

세계 곳곳에는 이렇게 발굴된 공룡 화석을 전시합니다. 대부분 자연사 박물관에는 공룡 화석이 중앙 로비를 차지하고 있지요. 미국 시카고에는 자연사 박물관인 필드 박물관이 있습니다. 거기에는 세계에서 가장 비싼 공룡인 티라노사우루스 렉스 수(Sue)가 전시되어 있지요. 줄여서 '티렉스 수'라고도 합니다. 이 공룡 화석을 전시하기 위해 무려 200억 원이나 되는 거금이 들었답니다. 공룡 한 마리 값이 200억 원이라니, 세계에서 가장 비싼 공룡임이 틀림없습니다.

이 공룡 화석을 이곳에 전시하기까지는 아주 엄청난 사건이 있었답니다. 공룡 복제 전문 회사 사장인 라슨(Peter Larson)은 미국 사우스다코다 주 어느 농장에 있는 중생대 퇴적층을 조사하고 있었어요. 어느 날 그의 앞에 아주 큰 공룡 두개골이 나타났습니다. 좀 더 자세히 발굴해 보니 지금까지 전 세계에서 발굴된 티라노사우루스 가운데 몸체가 가장 완벽하게 보존된 공룡이었습니다.

그들은 즉시 농장주에게 5,000달러를 주고 주지사로부터 발굴 허가를 얻기에 이르렀습니다. 본격적인 발굴을 시작하려고 했던 거죠. 그러나 화석의 중요성을 눈치챈 땅주인이

토지 소유권을 주장하였습니다. 거기에 아메리카 인디언인 샤이언족이 가세하게 되었는데, 화석이 발견된 땅이 인디언 보호 구역 안에 있다는 이유였죠.

이후 이 사건은 법정까지 가게 되었습니다. 결국 법원의 경매 과정을 거쳐 시카고 자연사 박물관에서 840만 달러(약 100억 원)에 낙찰을 받게 되었답니다. 농장주는 엄청난 돈을 벌었죠.

박물관 공룡 화석팀은 10년 동안 이 공룡을 발굴하고 복원 및 연구하여 전시를 하였답니다. 발굴에 소요된 경비가 100억 원이 들었고, 화석 값까지 합해 총 200억 원이 들었답니다. 발굴 비용은 유명 햄버거 회사가 지불했답니다.

공룡의 이름은 티라노사우루스 렉스 수로 정해졌습니다.

과학자의 비밀노트

티라노사우루스 렉스 수

티라노사우루스류는 지금까지 존재한 육식 동물 가운데 몸집이 가장 큰 동물 중의 하나이다. 그중 티라노사우루스 렉스는 가장 유명하며 지금까지 30여 점의 화석이 발굴되었다. 이 중 보존 상태가 가장 좋으면서 13m에 이르는 커다란 크기를 자랑하는 티렉스가 바로 '수'이다. '수'라는 이름은 이 화석을 발굴하고 연구한 여성학자 헨드릭슨(Susan Hendrickson, 1949~)의 이름을 따서 붙였다고 한다.

수가 처음 공개되는 날 어린이 합창단들이 수에 관한 노래를 불렀고, 전 세계에 인터넷으로 중계되었습니다. 수를 캐릭터화한 티셔츠와 모자는 날개 돋친 듯 팔려 나갔습니다. 모든 경비를 지출한 회사는 광고와 상표 이미지로 더욱 수입을 올렸답니다.

이 모든 것이 공룡이 전 세계 모든 사람들에게 끊임없이 사랑을 받고 있다는 증거입니다.

미국 시카고 필드 박물관에 전시된 '티렉스 수'의 골격 화석

자, 이제 다시 현실로 돌아가서, 우리가 봤던 공룡들을 실제로 찾아보도록 할까요?

네? 현실에서 공룡을 어떻게 찾죠?

그것도 몰라? 화석이 있잖아!

위이잉

자, 보세요. 이게 공룡의 발자국이에요. 이렇게 발자국이나 알, 둥지 같은 것을 흔적 화석이라고 하지요.

우와!

그리고, 뼈가 중심이 되는 체화석이라는 게 있지요.

또 누가 내 얘기를 하나? 귀가 간질거리네~.

다, 아기공룡 둘리를 모르는 사람은 없지?

아! 근데 아기공룡 둘리는 땅속에 안 묻혔잖아요?

맞죠~!?

하하

하하하, 그래요! 그런 특수한 화석도 있어요.

이렇게 발굴된 화석은 아주 조심스럽게 발굴해야 해요.

이렇게 망치로 톡톡...

앗!

빠직

끼약!!

내 다리 내 놔!!

다 다 다 다

공룡 연구의 역사,
그리고 초기 개척자들

200년 전부터 오늘날까지 진행된 공룡 연구의 역사를 알아봅시다.
그리고 이 역사와 함께한 초기 개척자들의 이야기를 들어봅시다.

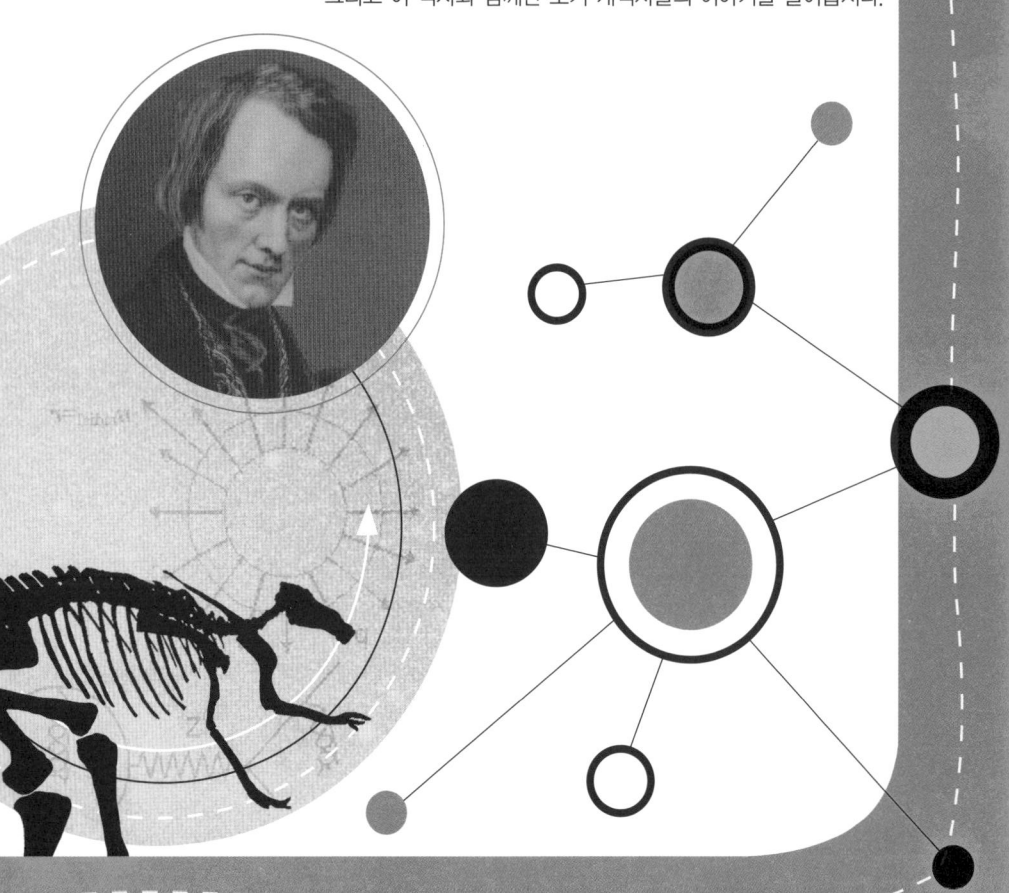

3

세 번째 수업

공룡 연구의 역사,
그리고 초기 개척자들

교.   초등 과학 4-2   2. 지층과 화석
과.   중등 과학 2   6. 지구의 역사와 지각 변동
연.   고등 지학 I   1. 하나뿐인 지구
계.   고등 지학 II   5. 지질 조사와 우리나라의 지질

오언이 수업 주제를 이야기하며
세 번째 수업을 시작했다.

　지금까지 수업을 들으면서 여러분은 공룡에 대해 좀 더 궁금해졌나요? 오늘 수업에서는 과거 우리 선조들이 얼마나 오랫동안 공룡에 대해 알고 싶어 했으며, 이를 해결하기 위해 어떠한 노력을 해 왔는지 이야기해 보겠습니다.

　공룡에 관한 초기 연구사는 18세기 중반으로 거슬러 올라갑니다. 무려 260년이 넘는 기간 동안 공룡에 대한 수많은 연구가 진행되어 왔기 때문이죠. 사실 공룡 연구의 시초는 17세기로 올라가기도 합니다. 당시는 공룡에 대해 인식하지 못하였지만 뼈 화석에 대한 자료들이 남아 있으니까요.

과거에는 공룡이 그저 둔한 거대한 파충류로 멍청함과 적응력이 떨어져 결국에는 멸종할 수밖에 없는 운명이었다는 인식이 거의 200년 가까이 유지되어 왔어요. 공룡의 '암흑기'가 상당히 길었다고 볼 수가 있죠. 공룡에 대한 새로운 인식이 나타나고 지금처럼 연구가 본격적으로 시작된 때는 1960년 후반부터라고 할 수 있어요. 유명한 공룡 학자인 오스트롬(John Ostrom, 1928~2005)과 바커(Robert Bakker, 1945~) 등이 본격적으로 공룡 연구를 할 수 있도록 기틀을 마련해 준 장본인입니다.

한마디로 1960년대 후반부터 현재까지에 이르는 시기를 '공룡 르네상스'라고 부를 수 있습니다. 지금은 공룡이 그저 학술 연구의 대상만 아니라 영화, 만화, 소설, 마스코트 등 각종 문화 콘텐츠로서 매우 널리 활용되고 있지요.

신화 속의 용

단편적으로 본다면 우리는 공룡 연구의 역사가 다른 학문 분야에 비하여 생각보다 그리 오래되지 않았다는 사실을 알 수 있습니다. 그러면 공룡이 언제 최초로 사람들에게 모습을 드러냈을까요?

신화에 등장하는 용이나 독수리의 머리와 날개, 사자의 몸통을 갖추고 있는 그리핀(Griffin) 등 상상 속의 동물이, 과거 사람들이 공룡 뼈 화석을 보고 떠올린 것이라고 주장하기도 합니다. 그렇다면 사람들이 공룡의 뼈를 처음 발견하고 관찰하던 시기는 우리가 생각했던 것보다 훨씬 오래되었다는 것을 알 수 있어요.

공룡 화석은 천 년이 넘는 세월 동안 사람들한테 깊은 인상을 심어 주었다고 봅니다. 특히 중국에서는 현재까지도 공룡 뼈를 용의 뼈라고 여기면서 뼈를 갈아서 의약품이나 주술 목

신화 속에 등장하는 용과 그리핀

적으로 사용하고 있습니다.

유럽에서는 공룡의 뼈를 과거의 거인이나 신화 속에 등장하는 거대 생물체가 대홍수 같은 재앙으로 떼죽음을 당한 뒤 남겨진 흔적이라고 여겼고, 또한 수천 만 년 전이 아니라 불과 수백에서 수만 년 전에 살았던 생물의 잔해로 인식하기도 했답니다.

유럽의 공룡 발굴 및 연구 역사

공룡의 뼈를 바탕으로 최초로 학술적인 설명이 이루어진 때는 17세기 영국에서 메갈로사우루스의 대퇴골(넓적다리뼈) 일부를 게재한 것이 처음입니다. 이 뼈는 1676년에 영국 옥스퍼드셔에 있는 석회암층에서 발견되었는데, 뼈 화석의 파편은 옥스퍼드 대학교 교수이자 애슈몰린 박물관 최초의 큐레이터인 플롯(Robert Plot, 1640~1696)한테 보내졌지요.

플롯은 당시 이 뼈 화석이 거대한 동물의 뒷다리뼈 일부분이라는 사실은 알았지만, 그것을 거인의 다리뼈가 아닐까 하는 다소 황당한 결론을 내렸지요. 그때는 공룡이란 존재를 몰랐으니까요. 1699년에 뉴턴(Isaac Newton, 1642~1727)의 친구인 루이드(Edward Lhuyd, 1660~1709)는 영국 옥스퍼드셔에서 발견된 용각류 이빨에 대한 서술을 하기도 하였지요.

공룡을 대상으로 학술적인 이름을 붙인 최초의 학자는 옥스퍼드 대학교 지질학 교수인 버클랜드(William Buckland, 1784~1856)입니다. 버클랜드는 1815~1824년 추가로 수집한 메갈로사우루스 골격 화석을 바탕으로 학술지에 최초로 논문을 게재했습니다. 따라서 학술적으로 최초의 학명이 지어진 공룡이 바로 메갈로사우루스라는 것을 알 수 있습니다.

두 번째로 공식 명명된 공룡은 아주 유명한 이구아노돈입니다. 최초의 이구아노돈 화석은 여러 개의 이빨인데, 이 이

과학자의 비밀노트

메갈로사우루스

공룡으로는 최초이자 공식적으로 이름이 붙여진 커다란 육식 동물인데 메갈로사우루스에 대한 정보는 잘 알려져 있지 않다. 그 이유는 메갈로사우루스 자체의 골격 화석이 매우 불완전하고, 예전에 유럽 학자들이 정확히 분간하기 어려운 커다란 육식 공룡의 화석들을 모조리 메갈로사우루스라고 해석했기 때문이다.

메갈로사우루스로 알려졌다가, 실제로 다른 종류의 육식 공룡 화석으로 새롭게 밝혀진 경우도 꽤 존재한다.

빨들은 영국의 지질학자이자 의사인 맨텔(Gideon Mantell, 1790~1852)의 부인인 메리 앤(Mary Ann Mantell)이 1822년에 발견하였다고 전해지고 있습니다. 남편 맨텔은 발견된 이빨 화석에서 나타나는 특징을 바탕으로 그 화석이 이구아나와 유사하다 하여 1825년에 공식으로 이들을 이구아노돈이라고 명칭하고 자신의 연구물을 출판하였습니다.

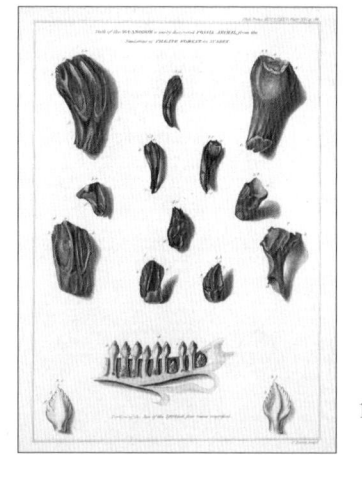

1825년 맨텔이 게재한 논문에 등장하는 이구아노돈 이빨 스케치

1834년 메이드스톤에서 발견된 보존 상태가 좋은 맨텔의 이구아노돈 화석 복원도

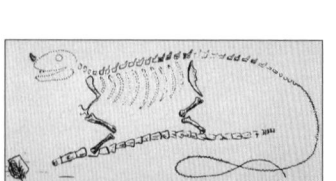

맨텔은 화석 연구에 남다른 애정을 가졌던 사람만은 확실
합니다. 1820년 화이트맨스그린 지역에서 커다란 골격 화석
들을 발견하였고, 동시에 육식 공룡인 수각류의 이빨들도 함
께 발견하였지요.

1821년에는 동일 지층에서 초식 동물의 이빨 화석을 발견
하였고, 이를 커다란 초식성 파충류의 잔해일 것이라는 내용
의 논문을 게재하였습니다. 따라서 같은 지역에 거대한 육식
성 파충류와 초식성 파충류가 존재했을 것이라는 가설을 세
우게 되었고요.

그러나 맨텔에게도 많은 시련이 있었습니다. 맨텔은 1822
년 5월 런던 지질학회를 통해 거대한 초식 파충류의 이빨을
공개하였지만, 버클랜드를 비롯한 일부 회원들이 그 이빨은
어류의 이빨이거나 신생대 코뿔소 같은 커다란 포유류의 이
빨일 것이라고 일축해 버렸지요.

그러나 1년이 지나도 논쟁이 끝나지 않아 1823년 6월에 맨
텔은 당시 유명한 지질학자인 라이엘(Charles Lyell,
1797~1875)에게 이빨 화석을 보였고, 라이엘은 다시 프랑스
의 동물학자인 퀴비에(Georges Cuvier, 1769~1832)에게 보
여 주었습니다. 하지만 퀴비에 역시 코뿔소의 이빨이라고 단
정해 버렸어요.

하지만 훗날 맨텔이 주장한 구체적이고 논리적인 증거들을 바탕으로 퀴비에는 결국 자신의 판단이 틀렸으며 실수하였다고 공식 인정했고, 맨텔이 새로운 파충류를 발견하였다는 것이 학계에서 공식적으로 받아들여졌습니다. 기득권 세력이 학계에서조차 얼마나 강한지를 보여 주는 사건입니다.

맨텔은 새로이 인정된 이빨을 1825년 2월 런던의 왕립지질학회에 공개하면서 이 이빨 화석을 '이구아나 이빨' 이라는 뜻을 가지는 이구아노돈으로 학명을 짓게 되었지요. 그는 이구아나의 크기를 고려하여, 이구아노돈의 크기가 18m에 이르렀을 것이라고 예상하였습니다.

1834년 메이드스톤에서 보존 상태가 더 온전한 이구아노

돈 골격 화석이 발견되었는데, 맨텔은 이 화석을 바탕으로 이구아노돈의 모습을 복원하였습니다. 그의 복원 모습을 자세히 보면 실수투성이인데, 가장 대표적인 실수가 앞발에 있는 엄지발가락의 발톱을 코 위의 뿔로 묘사한 모습이지요. 그 외에도 어깨뼈를 앞다리뼈 일부로, 골반을 뒷다리뼈 일부로 잘못 표현하였지요.

그로부터 44년이 지난 1878년에 벨기에의 베르니사르 탄광에서 완벽하게 보존된 엄청난 수의 이구아노돈 골격 화석이 322m 깊이에서 발견되었어요. 적어도 30마리가 넘는 이구아노돈 화석이 발견되었으며, 대부분 다 자란 완벽한 공룡이었습니다.

벨기에에서 발견된 이구아노돈은 영국에서 발견된 종류에 비하여 덩치가 더욱 크고 건장한 체격을 갖춤과 동시에 이구아노돈의 제대로 된 모습을 확실하게 보여 준 대표적인 예가 되었지요.

그동안 맨텔의 연구 성과가 다시 살아나는 계기가 된 것입니다. 이러한 '거대한 파충류 화석'에 대한 연구는 그 후 유럽뿐만 아니라 미국에까지 커다란 영향을 미쳤습니다.

메리 애닝과 영국의 쥐라기 해안

영국에서 매년 10월 4일은 '메리 애닝의 날'로 해마다 이 때가 되면 영국 남부 지역 조그만 바닷가 라임 레지스 지역은 온통 축제의 분위기에 휩싸입니다. 라임 레지스 박물관과 해양 극장에서는 메리 애닝(Mary Anning, 1799~1847)을 기념하는 학술 대회와 특별전을 열고 있답니다. 이렇듯 메리 애닝은 이 지역 사람들에게 흠뻑 사랑을 받고 있지요.

메리 애닝은 라임 레지스에서 1799년에 태어나 1847년 죽을 때까지 수많은 화석을 발견하고 수집하였습니다. 그녀가 발굴한 화석들은 라임 레지스 박물관을 비롯해 영국 남서부 쥐라기 해안에 자리 잡고 있는 크고 작은 박물관들에서 볼 수가 있습니다.

그녀가 발굴한 화석 중 어룡 이크티오사우루스와 익룡 프테로닥틸루스는 매우 유명합니다. 이들 화석은 거의 완벽하게 발굴되어 오늘날까지 익룡과 해양 파충류의 생태 및 진화를 밝히는 데 중요한 학술적 가치를 가지고 있답니다.

이들 화석은 이 지역 주변에 넓게 펼쳐진 쥐라기 퇴적층에서 대부분 발견되었습니다. 이 퇴적층에서는 어룡이나 익룡과 더불어 공룡 화석, 암모나이트 등 해양 무척추동물이 대

규모로 발견되고 있어 세계적으로 잘 알려진 지역입니다. 유
네스코에서는 이 쥐라기 해안을 세계 자연 유산으로 지정하
기도 하였답니다.

영국 라임 레지스 박물관 전경

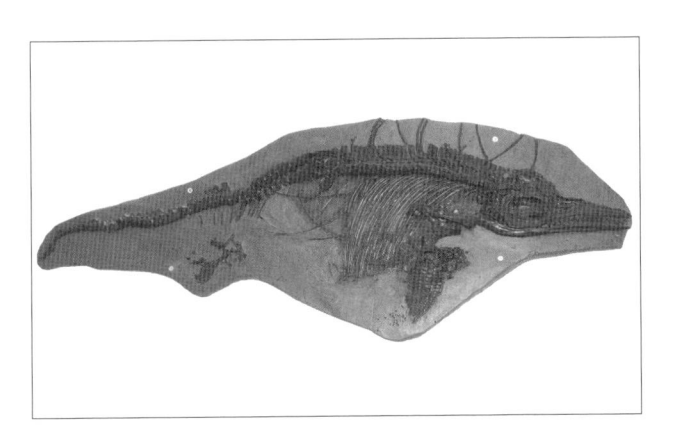

영국 쥐라기 해안에서 발견된 이크티오사우루스 화석

미국 공룡 발굴 및 연구 역사

1858년 미국 뉴저지 주 해든필드에 있는 작은 동네에서 미국 최초로 공룡 화석이 발견되었다고 떠들썩하였지요. 이 공룡은 하드로사우루스였습니다. 그 전에도 이 지역에서 화석이 발견되었다고 보고되었지만, 당시에는 공룡이라는 인식이 제대로 잡혀 있지 않던 시기였기 때문에 발견된 화석들의 정체에 대해서는 의문만 남기고 있었지요.

어찌되었건 최초의 가장 완벽한 미국 골격 화석은 바로 하드로사우루스이며, 확실히 두 발로 걷는 즉 2족 보행이 가능하다는 것을 보여 준 중요한 공룡이기도 했습니다. 당시에 학자들은 공룡이 '그저 네 발로 걷는 거대한 도마뱀'이라는 인식이 강했기 때문에 하드로사우루스의 발견은 상당히 획기적이었습니다.

미국 공룡 연구의 역사를 이야기하려면 공룡 화석 전쟁을 빼놓을 수 없습니다. 바로 두 학자 간의 치열한 공룡 발굴 다툼으로 일명 '뼈 전쟁'이라고 일컬어지기도 했지요. 이 주인공은 코프(Edward Drinker Cope, 1840~1897)와 마시(Othniel Charles Marsh, 1831~1899)입니다. 이들 사이의 불꽃 튀는 경쟁은 학술적으로 공룡 연구의 비약적인 발전을 가져왔을 뿐 아니라 대중에게도 공룡의 존재를 아주 널리 홍보하는 효과를 나타내는 계기가 되었습니다.

두 학자는 처음에 동료로 출발하였지만, 마시가 코프의 엘라스모사우루스의 골격을 복원한 것이 엉터리라며 공개적으로 비난하면서 둘 사이의 '전쟁'이 시작되었지요. 이 두 학자 사이의 경쟁은 30여 년이라는 긴 세월 동안 지속되었으며, 1897년에 코프가 세상을 떠나면서 매듭을 짓게 되었습니다.

두 학자는 경쟁 과정에서 서로가 발견한 내용을 대놓고 훔치고 파괴하는 매우 '무식한' 행동도 서슴지 않았습니다. 경쟁적으로 마시는 약 86종의 새로운 종류의 공룡을 발굴하였고, 코프는 약 56종의 새로운 공룡을 발견하였습니다. 둘을 합하면 총 142종의 공룡이 발견되었지요.

그러나 최근 연구에 의하면 이들이 잘못 명명한 공룡이 워낙 많기 때문에 실제로 두 학자가 발견한 순수한 신종 공룡은 50여 종에 이른다고 보고 있습니다.

최근의 주요 연구 지역

1897년부터 현재에 이르기까지 공룡 화석은 남극을 포함

과학자의 비밀노트

코프와 마시의 '뼈 전쟁'

코프와 마시는 고생물에 대한 해박한 지식, 든든한 재력과 인맥을 바탕으로 서로 치열한 경쟁을 벌이면서 새로운 종류의 공룡 및 고생물 화석을 무작위로 발굴하고, 자신들의 연구 성과와 업적을 키우기 위해 아주 열을 올렸던 사람이었다. 이들은 자신의 성과물을 높이기 위해 상대방에게 비도덕적인 행위를 일삼았으며, 화석이 발견되는 지역에서 최대한의 인력을 동원하여 새로운 종을 먼저 찾아내기 위해 혈안이 되었다.

결국 둘 다 사회적·경제적으로 몰락하였지만 공룡에 대한 전반적인 지식과 정보에 대한 비약적인 발전을 이루었고, 대중에게도 공룡에 대한 관심을 크게 불러일으킨 공로는 현재까지도 인정받고 있다.

하여 전 세계 모든 대륙에서 발견되고 있습니다. 공룡의 기원지로 여겨지는 남미 아르헨티나의 파타고니아 지역, 몽골의 고비 사막, 그리고 최근 10여 년간 깃털 공룡의 잇따른 발견으로 유명해진 중국의 랴오닝 성 지방이 요즘 가장 주목받고 있는 공룡 화석지입니다. 호주 지역도 예외는 아니지요. 한반도는 공룡 발자국 및 익룡, 새 발자국 산지로 매우 유명한 지역이 되었습니다.

공룡은 더 이상 '그저 거대하기만 한 파충류'가 아닌 중생대 지구의 육상 생태계를 약 1억 6000만 년 동안 지배한 매우 독특하면서 성공적인 척추동물 분류군으로 여겨지고 있

습니다. 이러한 사실은 다음 수업에서 더욱 자세하게 공부하
겠지만, 현재 육상 척추동물 중 뛰어난 번식력과 이동력, 가
장 많은 개체수와 다양성을 자랑하는 조류가 바로 공룡의 후
손이라고 믿는 학자가 많기 때문이지요.

선생님, 공룡 화석은 언제 발견되었어요?

쾅

쾅 쾅

빠르고 무시무시해요!!

네, 공룡 연구는 18세기 중반쯤에 시작되었어요. 당시엔 공룡이 그저 둔하고 덩치만 큰 멍청한 파충류라고만 생각했었지요.

그러면 옛날부터 내려오는 신화나 전설 속에 나오는 용은 공룡과 아무런 연관이 없나요? 공룡이랑 많이 비슷하잖아요.

떨럭

카오

그래요. 어쩌면 상상 속 동물은 오랜 옛날 사람들이 공룡 뼈 화석을 보고 떠올린 것이라 말하는 사람들도 있어요.

엄마야! 놀래라!!

컹컹

너도 이런 거 처음 보니?

이것 좀 봐봐!

영차

대박! 완전 커!!

엄청 큰 뼈야. 아무래도 거인의 다리뼈 같지??

내 다리거든!!

헉

처음 공룡의 뼈 화석을 발견한 사람들도 저런 실수를 했어요. 발톱 화석을 코 위에 뿔인 줄 알거나, 어깨뼈를 앞 다리뼈라고 생각하기도 했었지요.

거기 아니거든!

1897년부터 현재에 이르기까지 공룡 화석은 남극을 포함한 전 세계 모든 대륙에서 발견되고 있어요.

공룡으로부터
알 수 있는 것들

공룡 화석에 대해 알아보고,
그것이 보여 주는 정보를 이해해 봅시다.

4

네 번째 수업

공룡으로부터
알 수 있는 것들

교.
과.
연.
계.

초등 과학 4-2
중등 과학 2
고등 지학 Ⅰ
고등 지학 Ⅱ

2. 지층과 화석
6. 지구의 역사와 지각 변동
1. 하나뿐인 지구
5. 지질 조사와 우리나라의 지질

오언이 공룡 화석이 주는
정보에 대한 주제로
네 번째 수업을 시작했다.

오늘은 공룡 화석으로부터 무엇을 알 수 있는지에 대해 살펴볼까 합니다. 이 이야기를 하기 위해서는 먼저 공룡 화석에는 어떤 종류가 있는지부터 알아보고, 이들 화석이 주는 정보에 대해 이야기하면 쉽게 이해할 수 있을 겁니다.

공룡 화석은 어떠한 정보를 주는가?

공룡 화석에는 뼈 화석, 알 화석, 이빨 화석, 발자국 화석,

위석, 분화석, 피부 화석 등으로 나눌 수 있습니다. 우리는 이들 화석을 통해서 중요한 과학적 사실을 알게 됩니다.

공룡 뼈나 알·이빨·발자국 화석은 우리가 익히 잘 아는 화석으로 오늘 수업에서 이들이 주는 정보에 대해 자세히 설명할 것입니다. 그러나 위석이나 분화석에 관해서는 약간 낯설게 느껴질 것입니다.

위석은 공룡이 소화를 시키기 위해 먹었던 자갈입니다. 마치 닭이 소화를 위해 모래를 먹는 것처럼 말입니다. 분화석은 공룡 똥 화석을 말하죠.

이들 화석은 우리가 연구하고 나아가야 할 무수한 정보를 가지고 있으며, 연구해야 할 당위성을 보여 준다고 말할 수 있습니다.

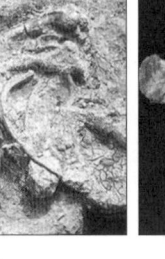

공룡 뼈 화석
(캐나다 앨버타 주 버드랜드)

공룡 뼈 화석
(전라남도 보성군 득량면)

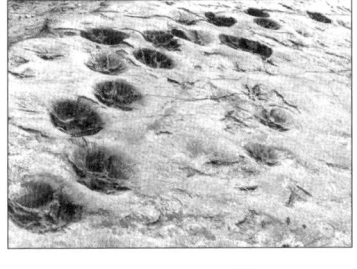

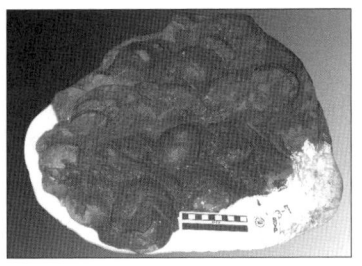

공룡 발자국 화석
(전라남도 해남군 우항리)

공룡알 화석
(전라남도 보성군)

피부 화석

육식 공룡 이빨 화석

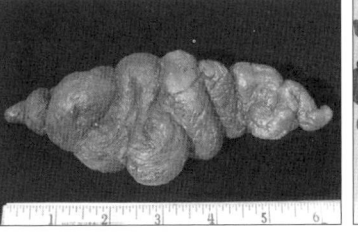

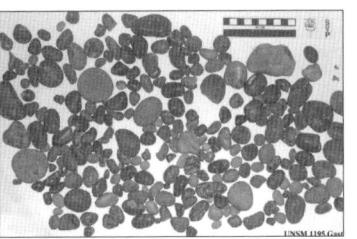

공룡 분화석

공룡 위석

그럼 공룡 화석을 통해 어떤 정보를 알아낼 수 있을까요?

우리는 공룡 발자국으로부터 그 공룡이 두 발로 걸었는지, 네 발로 걸었는지 등 걸음걸이 형태를 비롯하여 걸었는지 뛰었는지, 어느 정도 속도로 이동했는지, 크기는 어느 정도인지 등을 알 수 있습니다. 또한 발자국의 형태를 통해 공룡이 몸 아래로 바로 뻗은 다리를 이용해 반듯이 걸었고, 꼬리를 치켜들어 땅에 끌지 않았다는 사실을 알게 되었답니다.

최근 중국에서 깃털 달린 공룡이 발견되면서 공룡은 멸종한 것이 아니라 오늘날의 새로 진화했다는 의견이 제시되었습니다. 공룡 온혈설이 대두되고 공룡 심장이 발견되면서 이 이론을 지지하는 사람이 크게 늘어나고 있지요. 공룡 배설물인 분화석과 위 속의 소화 작용을 도왔던 위석으로도 공룡의 생태를 파악할 수 있답니다.

이빨 화석은 공룡의 습성에 관한 실마리를 제공하지요. 예를 들어 티라노사우루스와 같은 육식 수각류의 칼처럼 날카로운 톱니 모양의 이빨은 육식을 했음을 확실히 보여 줍니다. 그리고 이구아노돈과 같은 조각류의 단단한 이빨 화석을 통해 섬유질이 많이 함유된 거친 식물을 갈았음을 알 수 있습니다.

최근에 고생물학자들은 공룡의 생활에 대한 더 완벽한 그림을 얻어 낼 수 있었지요. 이는 골격 특징에 대한 분석과 함께 공룡 발자국 화석에 대한 연구, 깨진 알과 새끼가 함께 발견된 마이아사우라의 집단 둥지 터, 공룡 분화석을 통한 그들의 식생과 먹이 종류 등으로 공룡의 생태에 대해 더욱 많이 알게 되었습니다.

마이아사우라의 집단 둥지는 이 공룡이 적어도 1년에 얼마 동안은 집단으로 살았으며, 둥지에서 새끼를 보살폈다는 사실을 보여 주는 증거입니다. 이들은 파충류보다 오늘날의 포유류나 조류에 더 가까웠을 것이라는 사실을 제공하지요. 발자국 보행렬에서 이구아노돈 같은 조각류 공룡이 무리를 지어 돌아다녔거나, 계절에 따라 먹을거리를 찾아 이동하였을 것이라는 등 과학자들로 하여금 공룡에 대한 여러 가지 이론을 세우는 데 근거를 마련해 주었지요.

우리는 공룡 화석을 통해서 부화 능력, 먹이와 양, 감각, 소리, 번식력, 시력 등을 가늠할 수 있습니다. 그리고 이러한 증거들을 통하여 공룡이 '살아 있는 동물'로 재현되고 있는 것입니다.

자, 그럼 우리가 알 수 있는 좀 더 자세한 정보에 대해 알아 볼까요?

공룡 뼈가 주는 정보

공룡 골격 화석은 실제 공룡의 모습을 보여 주기 때문에 가장 직접적으로 공룡에 대한 정보를 제공해 줍니다. 공룡 뼈 화석으로 우리는 공룡의 모양이나 크기, 그리고 골격의 구조 등을 알 수가 있습니다. 공룡은 진화를 거듭하면서 그들 나름으로 장식을 하거나 형태를 조금씩 변형시키면서 자연에 적응했다고 볼 수 있습니다.

공룡의 머리에는 볏, 주름 장식, 뿔, 스파이크 등 많은 장식이 있습니다. 이들 장식은 공룡의 종류를 판단하는 정보를 주며, 경우에 따라 영역 안에 경쟁자가 있을 때나 무리를 이끌 때 신호로 사용되기도 했답니다. 아마도 이들 중 가장 화려하고 강력한 장식을 지닌 녀석이 우두머리가 될 수 있었을 것입니다.

또한 공룡의 눈을 통해서도 정보를 얻을 수 있습니다. 우리는 공룡이 색을 판별했는지는 잘 알지 못합니다. 다만 눈의 위치를 보아 이미지가 하나로 보이는지 두 개로 보이는지, 정면만을 응시할 수 있는지, 측면까지도 볼 수 있는지를 알 수가 있답니다.

브라키오사우루스와 같이 눈 사이의 간격이 넓은 공룡은

이미지가 불완전하게 뇌에 전달되어 두 개의 이미지로 보인 반면, 트루돈같이 눈이 전방을 향하고 있는 공룡은 두 이미지를 연결하여 하나의 스테레오 이미지로 인지할 수 있답니다. 이러한 구조는 사냥하는 데 큰 도움이 되었을 것입니다.

자, 공룡의 꼬리 모습를 연상해 보세요. 목이 긴 거대한 초식 공룡은 유연하고 가늘며 긴 꼬리를 가지고 있으며, 두 다리를 사용하여 달리는 공룡은 균형을 맞추기 위해 딱딱하게 굳은 꼬리를 가지고 있다는 것을 알 수 있습니다.

스테고사우루스나 안킬로사우루스와 같이 꼬리 끝의 곤봉이나 스파이크 모양의 무기는 방어나 공격할 때 사용했을 것

덤벼
안킬로사우루스
스테고사우루스

입니다. 안킬로사우루스는 꼬리에 있는 무시무시한 곤봉을 휘둘러 적의 머리나 몸통의 약한 부위를 강타하여 치명적인 상처를 입히기도 했을 것입니다. 디플로도쿠스는 적에게 위협을 느끼면 기다란 채찍 같은 꼬리를 사용해 대응했을 것입니다. 디플로도쿠스의 꼬리는 73개의 꼬리뼈로 이루어져 있으며, 채찍 같은 꼬리 끝은 적에게 위협적이었을 것이 분명해 보입니다.

공룡 발자국이 주는 정보

앞서 이야기하였지만 공룡 발자국 화석은 뼈나 다른 화석에서 줄 수 없는 많은 정보를 가지고 있습니다. 일반적으로 공룡은 수각류, 조각류, 용각류에 따라 각기 다른 형태의 발자국 모양을 남깁니다.

어떻게 걸었을까?

공룡 발자국 화석에 의해 조각류는 두 발 또는 네 발로 걸어 다녔으며, 발가락 끝이 뭉툭한 것을 알 수 있지요. 육식 공룡 수각류는 두 발로 걸어 다녔으며, 발가락 끝이 뾰족하

수각류

조각류

용각류

고 간혹 발톱 자국이 잘 남아 있기도 하지요. 용각류는 네 발로 걸어 다녔으며, 초승달 모양을 한 앞 발자국과 둥근 모양의 뒤 발자국을 남긴다는 사실이에요.

우리는 발자국으로 공룡의 크기를 대략 알 수 있는데, 보통 가장 긴 발가락 길이의 4~5배 정도가 발자국을 남긴 주인공의 골반까지의 높이입니다. 이 높이로 공룡의 길이를 생각해 보세요. 공룡의 속도는 발자국의 길이와 보폭, 보행 길이 등으로 측정한답니다. 물론 여기에는 계산식이 따로 있지요. 이 계산식은 현재 동물의 길이, 크기를 바탕으로 만들어진

속도 측정값을 반영하여 공룡의 속도를 계산하지요.

또한 우리는 발자국을 통하여 공룡의 생활 모습을 알 수가 있답니다. 여러 마리가 함께 남긴 긴 발자국 보행렬을 보면 공룡이 무리를 지어서 이동했다는 사실을 알 수 있고, 어린 공룡을 물가 안쪽에 두고 어미와 나란히 걸어간 흔적을 보면서 공룡의 모성애를 짐작할 수도 있습니다. 또 경우에 따라 발자국을 통해 육식 공룡이 초식 공룡을 공격한 흔적을 보기도 합니다.

육식 공룡은 얼마나 잘 달렸을까?

여러분, 티라노사우루스는 얼마나 잘 달렸을까요? 몸길이 14m, 몸무게 6t이나 되는 거대한 몸집에 1m가 넘는 두개골을 가지고 영화 〈쥐라기 공원〉에서 본 것처럼 시속 70km 속도로 달렸을까요? 이 물음에 대한 최근 연구 결과는 세계 최고의 '폭군' 티라노사우루스의 모습을 바꾸고 있답니다.

미국 캘리포니아 대학교 허친슨(John Hutchinson)과 가르시아(Mariano Garcia) 박사는 티라노사우루스의 다리 근육 구조를 현재의 악어·닭과의 비교 연구를 통하여 다음과 같은 결론을 내렸어요.

"티라노사우루스의 다리 골격 구조를 컴퓨터 모델링을 통해 분석한 결과, 이 동물의 몸은 빠른 속도를 내는 데 필요한 충분한 근육이 들어갈 만한 공간이 없었다."

즉 티라노사우루스는 빠른 속도로 뛸 수 없는 공룡이었다고 못 박았지요. 최고 속도 시속 72km로 추정되던 지금까지 티라노사우루스의 달리기 속도 이론에 강한 이의를 제기한 것이지요.

영화에서처럼 티라노사우루스가 시속 72km 이상의 속도를 내기 위해서는 체중의 86%가 온통 다리 근육이어야 하는데, 무거운 머리와 긴 꼬리, 이들을 지탱하고 있는 두 다리를 상상해 보면 티라노사우루스의 골격 구조에 문제가 있음이 직감됩니다.

연구팀은 60여 점의 공룡 뼈를 수집하여 뼈 속에 들어 있는 성장선을 조사하기도 했답니다. 그 결과 티라노사우루스는 사춘기(14~18세) 때 하루에 몸무게가 약 2kg씩 폭발적으로 늘어나, 4년이라는 짧은 기간에 무려 3t 이상 몸무게가 증가하였다는 것입니다. 이후 성장은 줄어들어 생후 20년에 어른이 되었고, 30년 이내에 수명이 끝났다는 것입니다. 보통 공룡의 평균 수명을 100년으로 볼 때, 티라노사우루스는 한마디로 빨리 먹고 빨리 죽는 공룡인 셈이었죠.

알베르토사우루스나 고르고사우루스 같은 다른 육식 공룡

은 티라노사우루스만큼 짧은 시기에 몸무게가 폭발적으로 성장하지 않은 것으로 증명되었습니다. 이들은 하루에 0.3~0.4kg 정도 성장한 것으로 밝혀졌지요. 한마디로 티라노사우루스는 몸무게 불리기에 급급한 반면, 정작 달리기에 필요한 근육은 발달시키지 못했다는 것입니다.

여기에 한국의 공룡학자들은 공룡 발자국을 가지고 공룡의 속도를 계산했답니다. 한국에서 발견된, 세계에서 단위 면적당 가장 많고 가장 잘 보존된 공룡 발자국 덕분이었습니다. 연구 결과, 목이 긴 공룡이나 조각류 공룡은 대부분 걷기만 했을 뿐 잘 달리지 못했고, 육식 공룡은 걷기도 하고 총총 뛰기도 하였으며 속도를 내어 달리기도 하였다고 발표했지요. 결론적으로 몸집이 작은 육식 공룡이 아무리 빨리 달렸어도 시속 20km가 넘지 않았다고 합니다.

우리는 이 두 결과를 보고 '티라노사우루스는 달리기에 능숙하지 않았고 썩은 고기만을 찾아다니는 하이에나와 같지 않을까?'라는 생각을 하게 되었습니다. 이 사실에 대해 어떤 사람은 "티라노사우루스는 달리기 속도가 중요한 것이 아니라 먹이가 되는 다른 동물보다 얼마나 빨리 이동할 수 있었느냐는 점"이라며 아직까지도 폭군 티라노사우루스에 힘을 실어 주기도 한답니다. 덩치가 크고 2.5m에 달하는 긴 다리를

가진 티라노사우루스는 힘차게 걷기만 하여도 시속 20km의 속도가 나기 때문에 충분히 다른 공룡을 잡아먹을 수 있었을 것이라고 말하지요.

공룡알이 주는 정보

알은 아이 공룡의 집이라 할 수 있습니다. 이 집은 아이 공룡이 성장하는 데 필요한 모든 것을 제공하죠. 즉 공간, 방어벽, 골격 성장에 필요한 칼슘 및 기타 영양분과 수분 공급,

공기 순환, 일정한 온도 유지, 쓰레기(노폐물) 처리 장소 등 모든 것을 제공합니다. 또한 알은 외부 박테리아나 기생충으로부터 아이 공룡을 보호하기 위한 껍질 구조를 지녀야 합니다. 공룡알 껍데기는 두께나 조직, 표면 장식 등이 다른 파충류 및 조류와 구별됩니다.

공룡알의 연구는 알의 기본적인 특징뿐 아니라 당시 고생태 환경, 나아가 한반도 지구 환경을 유추할 수 있는 과학적 근거를 제공하기도 하지요.

컴퓨터 단층 촬영 등 첨단 장비를 동원하여 밝혀지고 있는 공룡알 내부 구조는 우리에게 고기후 해석 연구에 중요한 의미를 가집니다.

과학자의 비밀노트

컴퓨터 단층 촬영(CT, computed tomography)
X선이나 초음파를 여러 각도에서 쬐어 이를 컴퓨터로 재구성하여 관찰 대상 내부의 단면 모습을 화상으로 재현하는 촬영 기술이다. 그 원리는 X선을 관찰 대상에 쬐고 X선이 대상물을 통과하면서 감소되는 양을 측정한다. 관찰 대상의 밀도 차이로 X선이 투사된 방향에 따라 흡수 정도가 달라지는 것을 이용하여 이를 컴퓨터로 재구성하여 화면으로 보여 준다. 관찰 대상을 파괴하지 않으면서 검사할 수 있다는 장점이 있어 오늘날 의학 및 산업 분야에서 다양한 용도로 이용되고 있다.

공룡은 정말 알을 낳았을까요? 그렇다면 거대한 공룡은 얼마나 큰 알을 낳았을까요? 공룡은 하나의 둥지에 몇 개의 알을 낳았을까요? 또한 공룡알은 공룡 몸체에 비해 왜 이렇게 작을까요? 우리는 공룡 그 자체만큼이나 공룡알에 대해 많은 호기심을 가지고 있습니다.

바다거북은 바닷가 모래밭으로 슬그머니 올라와 1~2m로 모래를 파헤쳐서 200여 개의 골프공만 한 크기의 알을 낳고 다시 바다로 갑니다. 알은 모래의 온도에 따라 각기 암수로 부화되어 바닷가로 엉금엉금 기어갑니다. 무사히 바다에 도착한 새끼 거북은 새로운 삶을 맞이하는 반면, 부화되지 못했거나 바다로 가는 도중 천적에게 잡히거나 스스로 기어가지 못한 거북은 태어나자마자 죽게 되지요.

일반적으로 동그란 모양의 알은 초식 공룡의 알이며, 타원형이거나 한쪽이 굵고 다른 쪽이 가는 방망이 모양의 알은 육식 공룡의 알입니다. 세계적으로 볼 때 가장 큰 공룡알은 45cm 정도라고 합니다. 공룡의 몸집에 비해 매우 작은 크기이지요. 그러나 공룡알은 세상 어느 알보다 두꺼우며, 공룡 새끼는 태어나자마자 급속도로 성장합니다.

요즘은 부화하지 못하고 화석화된 공룡알을 많이 발견한답니다. 특히 백악기 후기에 속한 공룡알에서 말입니다. 이를

연구하면 백악기 후기 공룡 시대의 지구 환경을 복원하고 공룡의 멸종에 대한 이론도 제공할 수 있다고 생각됩니다.

미국 몬태나 주에서 발견된 공룡알 화석에서는 갓 부화한 공룡 새끼도 함께 발견되었지요. 그리고 주변에 어미 마이아사우라도 발견되었습니다.

공룡알 주변을 보니 나뭇잎 같은 식물이 둥지를 덮고 있었답니다. 어미가 산란 후 알이 잘 부화하도록 나뭇잎으로 알을 덮어 준 것인데, 일종의 인큐베이터 구실을 하도록 한 것이지요. 우리는 이를 통해 공룡들의 모성애를 생각해 볼 수 있습니다.

공룡 이빨이 주는 정보

멸종 동물이 무엇을 먹었는지 알아내는 가장 쉬운 방법은 그들의 이빨을 관찰하는 것입니다. 수각류 공룡의 이빨에는 앞뒤 가장자리가 톱니 모양으로 되어 있어, 고기를 찢거나 삼킬 수 있고 작은 조각으로 자르기에 적합하게 만들어져 있습니다.

그리고 원시 초식 공룡의 이빨은 초목을 뜯기에 적합하도록 여러 개의 뾰족한 끝이 있는 잎사귀 모양을 하고 있습니다.

가장 진화한 초식 공룡으로 하드로사우루스류와 케라톱스류가 있는데, 이들은 잎사귀와 작은 가지를 삼키기 전에 잘게 자르고 갈기에 적합하도록 마모된 정교한 치열을 가지고 있습니다.

즉 연속적으로 음식을 잘 갈 수 있도록 치열 표면이 형성되었고, 질긴 초목을 먹어서 이빨이 빨리 마모되기 때문에 사용했던 이빨을 대체하기 위해 밑에 새롭게 자라는 이빨을 많게는 4개까지 두었답니다.

어떤 종의 공룡이건 공룡 이빨은 일정한 간격으로 새로운 이빨로 교체되었습니다. 이빨이 부러지면 새로운 이빨로 교

체될 될 때까지 턱 안에 남아 있습니다.

1992년 캐나다 앨버타 주 주립 공룡 공원에서 발견된 익룡의 뼈에는 많은 이빨 자국이 남아 있었는데, 이빨 자국을 면밀히 연구한 결과 이 동물은 수각류 가운데 벨로키랍토르와 유사한 드로메오사우루스류에게 잡아먹혔다는 사실을 알 수가 있었답니다. 이빨 하나가 부러져 뼈에 박혀 있었기 때문이지요. 또한 미국 몬태나 주에서 발견된 몇몇 하드로사우루스류의 꼬리 척추에서도 티라노사우루스의 부러진 이빨 끝이 박힌 채 발견되기도 했답니다.

공룡은 평생 이빨이 자연적으로 교체되었기 때문에 충치를

걱정할 이유가 없었지요. 턱이 감염되어 이빨 몇 개가 썩은 하드로사우루스류 공룡의 사례가 기록되어 있지만, 이는 사람의 충치와 조금 다른 문제인 것 같습니다. 치과를 다니며 이를 치료해야 하는 사람에 비하면 한결 간편한 셈이죠.

분화석이 주는 정보

분화석이란 공룡이 먹이 활동을 하고 소화 작용을 하고 나온 찌꺼기가 화석이 된 것을 말합니다. 분화석은 당시 공룡이 무엇을 먹고 살았는지에 대한 정보를 파악하는 데 매우 유용하지요.

초식 공룡의 분화석을 보면 먹은 식물의 종류를 알 수가 있고, 또 이를 통해서 살았던 지역의 기후까지도 파악할 수가 있습니다.

육식 공룡의 분화석에서는 뼈 조각이나 이빨 등 다른 공룡이나 작은 동물의 잔해가 자주 발견되기도 하지요. 분(똥)은 광물 성분이 거의 없기 때문에 보존되기가 쉽지 않습니다. 광충 작용이라 하여 아주 작은 광물 입자들이 똥 사이로 들어가 똥의 형태를 유지하면서 암석으로 보존되는 것이지요.

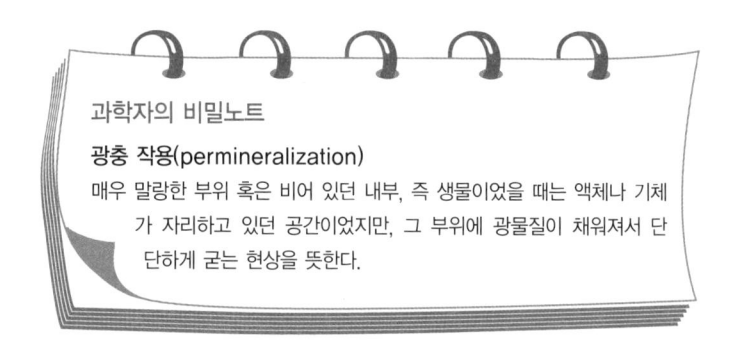

오늘날은 화석과 마찬가지로 현재 동물의 똥에 대한 연구
가 활발히 이루어지고 있답니다. 일례로 11년에 걸친 조사로
미국 옐로우스톤 국립 공원의 회색곰이 초봄에는 여러 가지
포유류를 잡아먹는 경향이 있으며, 늦봄에는 풀을 먹고 가을
에는 소나무 씨를 먹는다는 사실을 알아냈답니다.

공룡 위석과 피부 화석이 주는 정보

초식 공룡의 주식은 식물인데, 이 식물들을 얼마나 효과적으로 섭취하느냐가 생존과 밀접한 관련이 있다고 합니다. 식물의 주요 구성 물질들은 셀룰로오스처럼 잘 소화되지 않는 것들로 구성되어 있기 때문에 이를 잘 소화시키기 위한 무엇인가를 필요로 하지요.

닭 같은 동물도 모래주머니를 가지고 있지만, 먼 옛날 공룡 시대에도 공룡들은 식물을 소화시키기 위하여 작은 돌을 삼켰답니다.

공룡 화석 특히 용각류를 발굴하다 보면 뼈와 같이 둥글둥글한 작은 돌을 발견하기도 하는데, 이를 위석이라고 합니다. 이 돌들은 위 속에서 음식물을 갈고 으깨는 기능을 하면서 소화를 도왔을 것입니다.

용각류같이 거대한 공룡들은 하루에 1t이 넘는 식물을 먹어 치웠다는 것을 알 수 있는데, 실제로 거대한 용각류에서 무려 60개가 넘는 위석이 발견되기도 하였답니다. 과학자들은 위석들이 닳아서 기능을 다하지 못하면 토해 내고 새로운 위석을 다시 삼켰을 것이라고 추측합니다.

공룡의 피부는 어떤 모양일까요?

도마뱀, 뱀, 악어, 거북 등의 파충류는 비늘 모양의 피부가 특징이죠. 공룡 또한 예외는 아닌 것 같습니다. 비록 화석화되고 변질 변색되어 알 수는 없지만, 공룡 피부가 대부분 파충류의 피부처럼 비늘로 이루어져 있다는 사실을 알 수 있지요.

드문 경우이지만 공룡 시체가 썩어서 없어지기 전에 건조한 환경에 있었다면 미라처럼 피부가 썩지 않고 남아 있을 수도 있겠죠.

이건 뭐죠?

뿔 같은데?

그건 이빨 화석이에요. 그 이빨의 주인은 육식을 했을 거예요.

선생님, 발자국 모양을 보니까 이 공룡은 꼬리를 들고 다녔나 봐요.

씰룩 뿔룩

잘 맞췄어요. 이 발자국은 네 발 달린 공룡이 꼬리를 땅위로 들고 걸어 다녔다는 사실을 보여 주지요.

공룡 뼈를 어떤 생각 드나요?

덩치가 무지 컸겠어요.

혹시 꼬리로 구를 했던 건 아닐까요? 헤헤헤.

흠

이 공룡 뼈를 보면, 꼬리의 무시무시한 곤봉을 휘둘러 적을 공격했음을 알 수 있어요.

공격도 하고 야구도 하고

붕 붕

어?!

저기 동그란 건 알인가요?

와아

맞아요. 공룡 알 화석을 보면 초식 공룡인지 육식 공룡인지와 부화한 새끼가 어떤 모양인지도 알 수 있지요.

화석만으로도 정말 많은 걸 알 수 있군요.

분화석이란 것도 있는데, 공룡이 먹이를 먹고 배설한 화석이에요. 그것을 통해 공룡이 뭘 먹었는지 알 수 있지요.

으~

어쩐지 많이 먹더라!

후다닥

저… 저도 분화석을 만들러 가야겠어요.

백 투 더 디노타임
– 공룡 시대로 돌아가기

공룡 시대의 환경은 지금보다 따뜻했을까요, 추웠을까요?
과거 생물체의 기록에 의해 나타난 공룡 시대의 환경을
재현해 보고 그 속으로 들어가 봅시다.

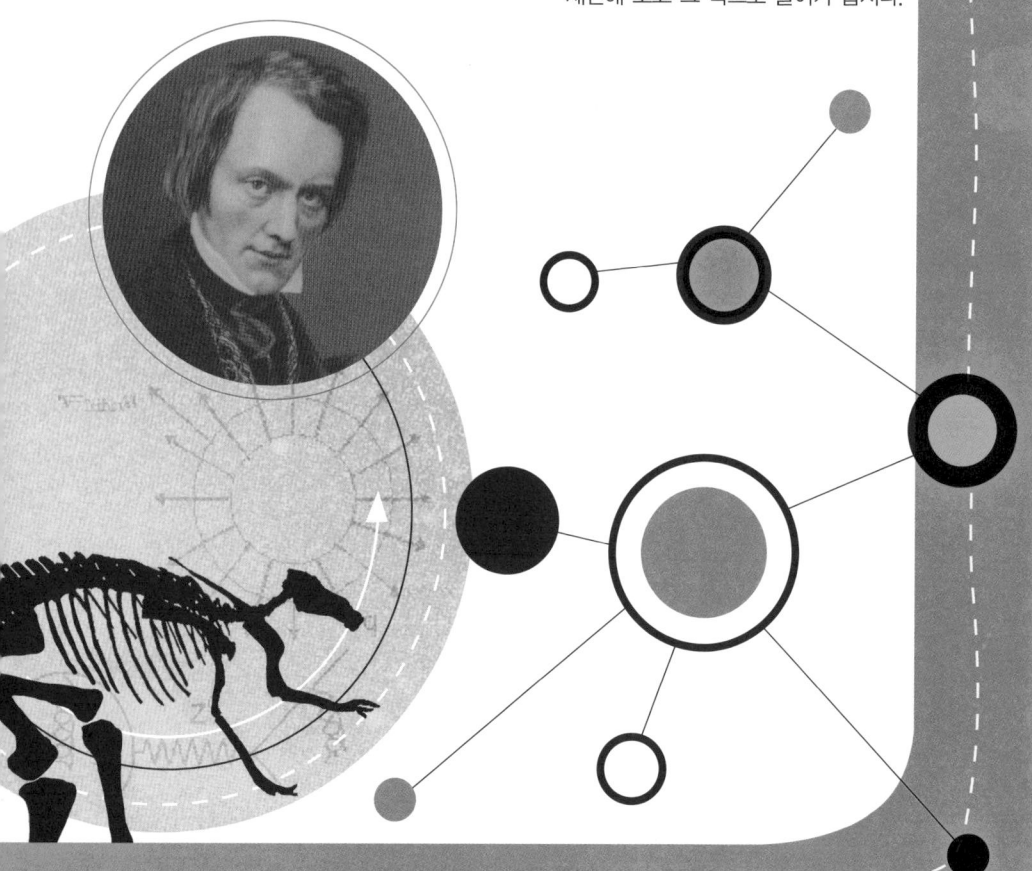

5

교.   초등 과학 4-2   2. 지층과 화석
과.   중등 과학 2   6. 지구의 역사와 지각 변동
연.   고등 지학 Ⅰ   1. 하나뿐인 지구
계.   고등 지학 Ⅱ   5. 지질 조사와 우리나라의 지질

오언이 공룡 시대로 들어가 보자며
다섯 번째 수업을 시작했다.

　모든 사물들에 대해 알면 알수록 신비롭지 않나요? 공룡
또한 예외는 아니지요.

　백 투 더 디노타임(Back to the Dino time). 이 단어가
마음에 드나요? 할리우드 영화 가운데 〈백 투 더 퓨처(Back
to the future)〉라는 영화가 한때 전 세계인의 사랑을 받은
적이 있지요. 이 영화에서는 주인공이 만물박사와 함께 미래
로 여행을 떠나 지구에 필요한 온갖 새로운 물건들을 만드는
내용이지요.

　그러나 오늘 우리는 2억 5000만 년 전 하늘에는 익룡이, 바

다에는 어룡과 수장룡이, 그리고 땅에는 공룡이 활개치는 중생대의 공룡 시대로 돌아가 보려고 합니다. 공룡 시대, 정말 멋지지 않나요?

우리 함께 눈을 감고 공룡 시대로 떠나 봅시다.

공룡과 그들이 살던 환경

트라이아스기

화석 기록으로 미루어 보면, 공룡은 트라이아스기 중·후기인 2억 5000만 년 전 무렵에 지구상에 처음 나타났어요. 초창기 공룡 시대인 트라이아스기에는 헤레라사우루스와 스타우리코사우루스를 포함하여 에오랍토르 같은 몸집이 작은 초기 사냥꾼들과 그 후에 나타난 원시 용각류 등의 원시적인 공룡이 지구상에 살았어요. 이때 공룡은 오늘날 우리에게 친숙하기도 하고 낯설기도 한 식물들과 함께 살았지요.

당시 지구는 모든 대륙이 하나로 연결되어 초대륙을 형성하고 있었으며, 대륙의 내륙 지방을 중심으로 대부분은 사막처럼 덥고 건조하였지요. 침엽수와 소철류, 은행나무와 같은 겉씨식물이 자라고 양치식물이 땅 위를 덮고 있었으며, 초기

야자수는 있었지만 꽃이 있는 풀이나 나무는 없었지요.

하늘에는 초창기 익룡이 있었지만 그리 잘 날지는 못한 것 같아요. 바다는 해양 파충류인 어룡류와 수장룡으로 가득 했으며, 악어의 조상들은 호수와 늪에서 살고 있었지요. 오늘날 뾰족뒤쥐를 약간 닮은 초기 포유류도 이 세계의 구성원이었죠.

이 시기의 공룡으로는 코엘로피시스, 플라테오사우루스, 헤레라사우루스 등이 대표적입니다. 초창기 공룡은 조룡 무리로부터 기원하였다고 여겨지고 있어요. 조룡류에는 악어와 조류, 익룡이 속하지요.

가장 초기의 공룡은 길이가 2m에 미치지 못하며 2족 보행을 하는 작은 육식 동물이었어요. 반면 브라질에서 초식 공룡으로 여겨지는 원시 용각류인 우나이사우루스 공룡 화석이 발견되었는데, 이 공룡은 약 2억 5000만~2억 3200만 년 전에 등장했던 것으로 추정되기 때문에 가장 오래된 공룡 중 하나라고 할 수 있지요.

현재까지 알려진 가장 오래된 공룡은 남미, 특히 아르헨티나에서 주로 발견되었기 때문에 공룡의 기원지가 남아메리카일 거라고 여기기도 합니다. 우나이사우루스와 더불어 가장 오래된 원시 용반목 공룡 중에는 사투르날리아가 있고,

육식 공룡 중에는 헤레라사우루스 · 스타우리코사우루스 · 에오랍토르와 알와케리아 등이 가장 오래되었으며, 이 공룡들은 약 2억 2000만~2억 3000만 년 전에 등장했던 것으로 추정됩니다.

2억 2800만 년 전에 살았던 판파지아 같은 공룡의 경우 원시 용각류로 보고 있지만, 수각류에서 나타나는 특징도 많이 관찰되어 용각류와 수각류는 공통 조상에서 비롯되었다는 것을 짐작할 수 있지요. 초식 공룡 조반목 공룡 중에서 가장 오래된 종류는 피사노사우루스(약 2억 2000만~2억 3000만 년 전)입니다. 약 2억 2000만 년 이전 시기에 존재했던 조반목 공룡이 거의 알려지지 않은 데다가 조반목과 용반목 공룡이 어떠한 경위로 갈라지게 되었는지는 아직 구체적으로 밝혀

코엘로피시스　　　　　플라테오사우루스

진 바가 없지만, 이들 조반목 공룡은 초기의 용반목 공룡과 형태적인 유사성이 많이 나타난다는 것을 알 수 있지요.

쥐라기

초대륙 판게아는 쥐라기 초기부터 차츰 갈라지기 시작하여 북아메리카와 아프리카로 나누어지고 이들 대륙이 분리되면서 바다가 확장되기 시작했지요. 이 때문에 대륙 내부까지 온난 다습한 기온이 형성되었고 숲은 양치식물, 침엽수, 소철로 우거지게 되었지요.

쥐라기 후기로 갈수록 대륙은 점차 분리되어 얕은 바다가 차츰차츰 늘어났고 키가 큰 침엽수와 소철, 양치식물, 속씨식물이 당시의 지구 환경을 조성하고 있었지요. 한마디로 쥐라기에는 공룡이 살기에 가장 적합한 환경이었다고 말할 수 있어요. 쥐라기가 진행되면서 공룡의 종과 수는 굉장히 증가했다는 사실만 보더라도 알 수 있지요. 알로사우루스와 같은 커다란 육식 공룡, 코엘루로사우루스류와 같은 몸집이 더 작은 육식 공룡, 그리고 다양한 초식 공룡 모두 이때에 번성했지요.

하지만 이 기간의 동식물 중에서 가장 장관을 이룬 것은 아마도 길이가 30m가 넘은 힘센 용각류일 것입니다. 아파토사

우루스(원래는 브론토사우루스라고 불렸다)와 디플로도쿠스, 브라키오사우루스, 바로사우루스, 마멘키사우루스 같은 크고 목이 긴 공룡과 스테고사우루스 등 수많은 공룡이 쥐라기 말기에 대륙을 활보했지요. 이 시기는 공룡의 천국이라 불릴 만큼 공룡이 가장 살기 좋은 환경이었으므로 매우 다양한 공룡으로 진화하였음을 알 수 있어요.

백악기

초기 백악기 대륙은 훨씬 더 분화되었으나 북아메리카, 유럽, 아시아는 하나로 연결되어 있었죠. 그러나 여전히 거대한 용각류 무리는 아프리카 북쪽 끝에서 호주까지 걸어다닐 수 있었지요.

백악기 무렵부터 대륙은 본격적으로 분리되기 시작했지만 오늘날과 같이 5대양 6대주로 나뉘지는 않았지요. 백악기 중기까지 아시아와 북미·유럽은 하나로 붙어 있었으며, 백악기 후기에야 아시아·북미는 유럽과 분리되기 시작했지요. 당시 한국, 일본, 중국은 하나의 대륙으로 뭉쳐 있었지요.

기온은 전체적으로 따뜻했으나 백악기 후기로 치달으면서 지구 환경은 급격히 변하기 시작했죠. 이 시기 공룡들이 살았던 세계는 많은 변화를 겪었음을 알 수 있어요. 그동안 지구를 지배했던 양치식물 같은 겉씨식물 사이로 속씨식물인 꽃이 피는 종자식물이 자리를 잡았고, 하늘의 새들은 엄청나게 증가하면서 익룡의 자리를 넘보기 시작했죠. 새와 함께 하늘을 공유한 익룡과 바다에 살던 목이 길고 이가 날카로운 플레시오사우루스 같은 수장룡 등을 포함해 공룡이 아닌 다른 거대한 파충류가 더욱 번성했지요.

이 시기에는 공룡도 다양한 형태를 지녔어요. 쥐라기 때 몸집이 큰 공룡에서 이젠 몸집이 작고 머리에 방패를 두른 공룡으로 바뀌었죠. 이것은 당시 그들보다 크고 센 티라노사우루스나 타르보사우루스를 피해 키 작은 나무들로 바뀌어 버린 대자연 속에서 살아남기 위한 몸부림으로 볼 수도 있지요.

데이노니쿠스와 같이 낫 모양의 발톱을 한 수각류, 오리 같은 주둥이와 일부 정교한 볏을 가진 하드로사우루스류, 두꺼운 머리뼈를 가진 파키케팔로사우루스, 그리고 공룡 중에서도 가장 많이 알려진 티라노사우루스와 뿔 달린 공룡 트리케라톱스 등이 백악기에 살았지요. 이구아노돈, 바리오닉스, 힙실로포돈, 에드몬토사우루스, 벨로키랍토르, 안킬로사우루스 등이 당시에 살았던 공룡입니다.

난 타르보나우르스야. 저 녀석을 혼내 줘야 할 텐데… 너무 딱딱해.

내가 바로 안킬로나우르스야. 날 건드리다간 뼈 부러질걸.

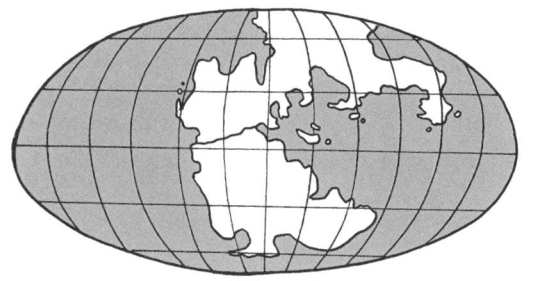

트라이아스기

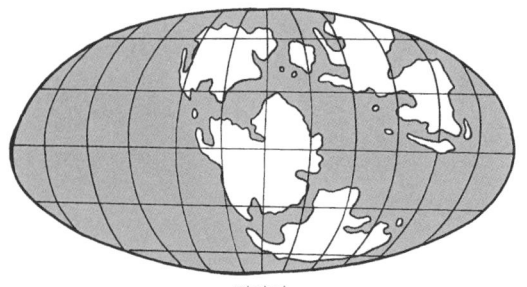

쥐라기

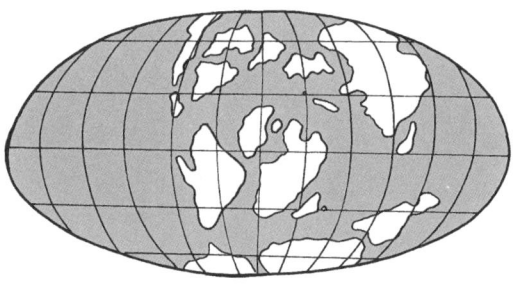

백악기

중생대 공룡 시대 대륙 분포도

공룡이 살았던 시대는 따뜻한 열대 기후였을까?

오늘날과 중생대의 지구를 비교하여 보면 중생대에는 지금보다 온도가 매우 높았다고 합니다. 자료에 의하면, 지구 평균 온도가 지금이 14℃인 반면, 공룡 시대 말인 백악기 후기 한때는 23~24℃까지 올라갔었다고 주장하는 학자도 있는 걸로 보아 당시와 지금의 지구 온도는 큰 차이가 나지요.

여기에는 백악기 후기 외계의 행성들이 지구를 지속적으로 강타하면서 지구 대기는 고탄소화되었고, 막혀 버린 오존층에 복사열이 가세하면서 온난화되어 버린 지구 내부 온도가 한 몫을 한 셈이죠.

6500만 년 전 중생대 최후기에는 태양열이 오존층을 뚫고 지구로 내려오질 않아 오히려 어둡고 추운 시대가 전개되었지요. 그러나 이 시기를 제외하면 중생대는 대체적으로 따뜻했던 것 같아요. 중생대 공룡 시대의 지구 기후는 지금보다는 높았던 것 같아요.

오늘날 지구는 지구의 전체 역사를 통틀어 다른 대부분의 시기보다 실제로 훨씬 더 춥다고 합니다. 남극과 북극을 덮고 있는 빙원은 생성된 지 300만 년이 채 되지 않았다고 합니다. 그 전에는 사실상 수분을 담고 있는 영구적인 얼음이 존재하지 않았다는 것이죠.

극지방에 빙원이 없었던 까닭에, 해수면은 오늘날보다 더 높았습니다. 그 때문에 중생대 동안 북아메리카와 아시아, 다른 대륙들의 상당 부분이 비교적 얕고 넓은 바다로 덮여 있어 따뜻한 열대성 해수가 극지방 깊은 곳까지 영향을 미쳤죠. 대륙성 기후를 가질 만큼 넓은 대륙은 거의 없었고, 해양 조류는 전 세계의 기후를 따뜻하게 하였습니다. 오늘날과 마찬가지로, 열대 저지대는 1년 내내 견딜 수 없을 정도로 뜨거웠을 것입니다.

우리는 공룡을 열대 동물이라고 말합니다. 이러한 믿음은 열대 지방에 대부분 살고 있는 악어, 도마뱀 같은 현재의 파충류와 공룡을 동일시한 데서 기인하죠. 지금의 남극과 북극에 이러한 종이 살지는 않으니까요. 하지만 여러분도 알다시피 공룡은 현재의 파충류와 매우 다르며, 여러 가지 면에서 오히려 포유류나 조류에 더 가깝다는 것을 알 수 있죠. 화석 기록을 보면, 공룡군이 대부분 따뜻하고 온화한 기후대뿐 아니라 극지방에까지 진출했음을 알 수 있습니다.

공룡은 대개 거대한 몸집 때문에 몸을 따뜻하게 유지하는 것보다 몸에서 불필요한 열을 발산하는 일이 더 어려웠을 것입니다. 이러한 이유로 아주 뜨거운 열대 지방은 공룡이 살

기에 오히려 어려운 장소였음을 알 수 있어요. 다만 열대지
방에 살 수밖에 없었던 공룡은 불필요한 열을 발산하기 위해
특수한 적응 능력을 발달시켰다는 것입니다. 아크로칸토사
우루스, 오우라노사우루스, 스피노사우루스 등의 공룡에게
서 발견되는 돛 모양의 높은 척추가 이를 말해 주고 있지요.

극히 적은 수의 공룡만이 열대 지방에서 살 수 있었기 때문
에, 열대 지방은 남반구와 북반구의 공룡군 사이의 효과적인
경계선이 되었습니다. 백악기에는 북아메리카와 남아메리카
가 땅으로 연결되어 있었고, 하드로사우루스류 공룡은 두 대

륙 사이를 이동할 수 있었다 할지라도, 케라톱스류와 대부분의 수각류는 적도를 넘어 남쪽으로 내려가기 어려웠을 것입니다.

먹이를 찾아 극지방에서 적도로

공룡은 오늘날의 남극 대륙을 포함한 모든 대륙에서 발견되고 있어요. 이것은 결코 놀라운 일이 아니지요. 우리는 지구의 대륙들이 움직였다는 것도 알고 있으며, 특정 시기에는 대륙이 모두 서로 연결되어 있었다는 것도 알고 있기 때문입니다. 더욱이 공룡이 살았던 대륙들의 위도도 변하고 있었다는 것도 알고 있죠.

북아메리카 대륙은 한때 적도 이남이었고, 남극 대륙은 아열대 기후를 체험할 정도로 지금보다 훨씬 더 위에 위치했었죠. 지구 역사 대부분의 시간 동안 극지방에는 얼음이 없었으며, 고위도 지역의 기후는 공룡이 살기에 적합했을 것입니다. 알래스카와 캐나다의 북극 지방(유콘과 서북 지방), 그리고 시베리아에서 발견된 공룡은 모두 백악기의 북극권에서 살았다는 것을 알 수 있습니다.

오스트레일리아는 오늘날보다 훨씬 더 남쪽에 위치해서, 이 대륙의 남쪽 해안 지역의 공룡은 남극권 내에서 살았다는 것을 알 수 있어요. 남극 대륙에서 발견된 대부분의 공룡의 경우도 마찬가지입니다.

반면에 지금 북극 쪽의 그린란드는 한때 지금보다 훨씬 더 남쪽에 위치했기 때문에, 이 지역의 트라이아스기 암석에서 발견된 공룡은 사실상 오늘날 북위 20°~30° 지역인 대만이나 미국 플로리다 주와 비슷한 위도에서 살았다는 것을 알 수 있습니다.

중생대에는 극지방이 지금만큼 춥지 않았지만, 겨울에는 똑같이 하루 종일 어두웠습니다. 극지방에서는 겨울 동안 식물은 활엽이든 침엽이든 잎이 지고 생장을 멈추었습니다. 따라서 공룡은 먹을 것이 없어 대부분 적도 방향으로 이동하거나 겨울잠을 자야만 했을 거예요.

하지만 밤이든 낮이든 절대로 해가 지지 않는 극지방의 여름은 식물에게는 매우 생산적인 계절이었음이 틀림없었죠. 그래서 공룡은 여름철이면 먹이를 찾아 극지방으로 이동했던 것입니다. 이것은 힘들게 생계를 유지하는 것처럼 보일 수도 있겠지만 그들이 살아가는 방식이었지요.

공룡 시대의 한반도

백악기의 기후는 대체로 건조하여 공룡이 살기에 적합하였으나, 백악기 후기로 갈수록 기후가 점점 변하기 시작하였다. 많은 곳에서 화산이 폭발하고, 간헐적으로 지구에 쏟아지는 운석은 지구의 대기를 고탄소화시켰으며, 오존층에 영향을 미치기 시작했다. 유럽의 기후는 서서히 서늘해지기 시작했고, 곳곳에서 우기가 잦아졌다.

공룡들의 최고의 전성기인 쥐라기를 생각하면 백악기의 환경은 공룡이 살기에 아주 달랐던 것이다. 심지어 극지방까지 따뜻했던 환경에 비하면, 백악기 후기에는 공룡들이 살기엔 아주 좋지 않은 환경으로 치닫고 있었다.

쥐라기 때 목이 긴 공룡들이 방대한 양의 식물들을 먹어 치워 삼림

은 더욱 황폐화되었고, 이를 견디지 못한 식물들이 키 작은 속씨식물로 진화되면서 목이 긴 공룡들이 살기 힘든 환경으로 변해 버렸다. 이 환경에서는 디플로도쿠스같이 어금니가 없고 단순한 치아로만 구성되어 있는 목이 긴 공룡보다는 힙실로포돈이나 하드로사우루스 같은 오리 주둥이 공룡이 어금니를 발달시켜 생태계에 적응한 시기였다.

그러나 여기저기에서 재빠른 벨로키랍토르와 덩치 큰 타르보사우루스 같은 육식 공룡은 자신들의 생태계를 빼앗기지 않으려고 안간힘을 쓰는 모습이 눈에 띈다.

위에서 말한 시나리오는 다름 아닌 한반도 지역에서 펼쳐졌던 공룡 시대의 이야기입니다. 한반도의 공룡 시대는 주로 백악기 시대에 해당하는데, 한반도에는 중생대 공룡 시대 초창기인 트라이아스기와 공룡 최대의 번성기인 쥐라기의 화석이 발견되지 않았다는 거죠. 쥐라기층이 충청도 일부 지역에 소규모로 존재하였다 할지라도 그곳에는 공룡 화석이 발견되지 않는다는군요.

그러나 한반도에는 백악기 시대 화석들이 매우 풍부하게 발굴되었답니다. 공룡, 익룡, 새, 어류, 곤충, 연체동물, 나무 화석, 미화석(아주 작은 화석) 및 흔적 화석 등 그 시대에 살았던 동식물이 매우 다양하게 발견되었다는 것입니다. 한반도에는 백악기 전기에서 후기까지 모든 지층에서 화석이 발견되었는데, 특히 후기에 해당하는 화석이 다량 발견되었다는군요.

백악기 전기까지만 해도 전체적으로 매우 따뜻했던 시대였죠. 이 따뜻한 시기에 한반도는 어떤 식물이 숲을 이루고 있었을까요? 아마 소철과 은행나무를 비롯한 겉씨식물이 무성한 숲을 이루고 있었을 거예요. 지금이야 소철이 그다지 큰 나무로 자라지 않지만, 당시만 해도 울창한 숲을 이루는 중요한 구성원이었습니다. 지금은 사라지고 없는 소철강의 한 목인 베네티테스류 같은 종류도 무성하게 자라고 있었다는군요. 은행나무도 여러 종류가 있어 은행잎의 모양만 해도 아주 다양한 형태를 가지고 번성하여 겉씨식물의 시대를 이루고 있었습니다.

지금 은행나무는 단 한 종만이 남아 '살아 있는 화석(living fossil)'으로서의 가치를 지니고 있으니 은행나무로서는 과거의 영화가 그리울 법도 하지요. 겉씨식물이라고 하여 지금의 소나무나 전나무 같은 침엽수보다는 소철이나 은행나무 같은 종이 번영을 누리고 있었던 것이니, 또 다른 세상의 숲을 상상해 보는 것도 나쁘진 않을 듯합니다.

그러나 백악기 후기에 와서는 지금과 같이 꽃이 피는 속씨식물이 나타나 겉씨식물과 함께 생태계를 이루고 있었죠. 이미 중생대 백악기 중반에 속씨식물의 선조가 등장하여 신생대의 번영을 알려 주고 있었다는군요. 식물 세계에도 번성과 쇠망의 순환 고리는 작용하는 것 같아요. 석탄을 이루었던 고생대의 양치류를 비롯한 식물들이 중생대에는 겉씨식물에 지배권을 넘겨주고 신생대에는 속씨식물이 그 왕좌를 차지하게 되었죠.

당시의 대륙들을 보면 한반도는 일본 · 중국과 하나의 대륙으로 뭉쳐 있었고, 이 대륙들 곳곳에 크고 작은 호수가 펼쳐

과학자의 비밀노트

겉씨식물

씨방이 없어서 밑씨가 겉으로 드러나 있는 식물이다. 나자식물(裸子植物)이라고도 한다. 꽃에 꽃덮개(화피)가 없고 암꽃과 수꽃이 따로 핀다. 수분이 주로 바람에 의해 이루어지므로 풍매화이다. 수정 전에 배젖이 형성되고 중복 수정을 하지 않는다. 관다발에서 물관은 헛물관이 있거나 아예 없으며, 체구멍이 체관과 같은 기능을 한다. 뿌리 모양은 곧은뿌리로 되어 있다. 종자식물 중에서 가장 먼저 나타난 원시적인 식물로서 고생대 석탄기에 나타나 페름기를 거쳐 중생대 쥐라기까지 번성하였다. 오늘날에는 전 세계에 약 62속 670종이 남아 있다. 대표적으로 소나뭇과와 측백나뭇과의 식물이 여기에 속한다.

져 있는 형국이었죠. 한반도 공룡들은 이러한 지형 속에서 살았던 것입니다. 여기에서 살았던 공룡의 흔적이 한반도 여기저기에서 매우 풍부하게 발견되고 있어 한반도는 모름지기 백악기 후기의 공룡 파라다이스라 해도 과언이 아니라는 것입니다.

여러분, 한반도에서 발견된 화석을 중심으로 공룡 시대를 구체적으로 재현해 볼까요? 당시 한반도는 지금의 오대호같이 커다란 호수가 여러 군데 있었고, 호수 주변에는 각종 침엽수와 양치류 등의 식물이 잘 분포되어 있었지요. 공룡은 조각류·수각류·용각류로 매우 다양했고, 여기에 거북·악어·초기 포유류 및 각종 어류 등의 척추동물과 복족류·부족류 등의 연체동물, 절지동물·갯지렁이 등의 무척추동물 등이 호수나 호숫가에 매우 풍부하게 살고 있었어요.

한마디로 공룡이 생활하기엔 좋은 환경이었지요. 더불어 수많은 익룡들은 한반도 남부 호숫가에서 그들의 거대한 날개를 접고 호숫가에서 먹잇감을 찾고 있었어요. 비록 우리와 비슷한 환경이 몽골 고비 사막과 중국 북동부에 남아 있긴 했지만, 이 시기 세계 곳곳에서는 공룡이 생활하기에 힘든 환경이 조성되고 있었어요. 북미에서 이 시기의 용각류 화석이 거의 발견되지 않는 점이 당시의 환경을 대변해 주고 있습니

다. 이들에 비하면 한반도는 그야말로 공룡이 선호하는 최후의 보금자리이자 낙원인 셈이었죠.

이러한 증거는 한반도 곳곳에서 나타나고 있어요. 해남·화순·보성·여수·마산·울산 등 전라도와 경상도 곳곳에서 산출되고 있는 세계 최대 규모의 공룡 발자국과 다양한 공룡 화석 산출지, 하동·보성·시화호·고성·통영 등지에서 발견된 대규모 공룡알과 둥지 화석, 해남에서 발굴된 세계 최대 규모의 익룡 발자국 산지, 보성·해남·하동·의성 등지에서 발굴을 기다리고 있는 공룡 뼈 화석, 특히 '부경고사우루스 밀레니엄아이(*Pukyongosaurus milleniumi*)'라 명명된 하동 갈사리에서 산출된 용각류 공룡 골격 화석, '코리아노사우루스 보성엔시스(*Koreanosaurus boseongensis*)'로 명명된 보성의 조각류 공룡 뼈 화석, 공룡 화석과 함께 발견되고 있는 규화목 및 식물 화석, 거북·악어·어류 등의 각종 척추동물과 무척추동물의 흔적 화석 등 지금까지 국내외에 보고된 논문들이 백악기 당시의 한반도를 복원하고 있지요.

게다가 여수 지역에서는 속씨식물에 해당하는 목재 화석이 발견됨으로써 아시아 지역에서 백악기 최후기의 공룡 화석지로 주목받으며 공룡 최후기 시대 및 공룡 생태 연구에 매우 중요한 지역으로 간주되고 있어요. 따라서 공룡 멸종에 관련된 새로운 과학적 연구가 가능하게 되었지요. 이런 사실들을 종합해 볼 때 한반도는 한마디로 중생대 백악기 말 공룡들의 집단 서식지임이 의심의 여지가 없다고 할 수 있을 거예요.

공룡 시대 한반도 해남 분지 복원도

야호!!

풀짝

다시 타임머신에 탑승하세요!! 공룡 시대로 갈 시간이에요. 먼저 공룡이 지구상에 처음 나타난 트라이아스기로 갈 거예요!

공룡들도 다 작아요!

익룡들도 겨우 파닥거리고 있어.

위이잉

이때의 지구는 모든 대륙이 하나로 뭉쳐 초대륙을 형성하고 있었어요.

쥐라기 시대에 도착했어요. 판게아 초대륙은 쥐라기 시대부터 갈라지기 시작했지요.

쥐라기? 어디서 많이 들어 본 것 같은데?

〈쥐라기 공원〉이라는 영화도 있었잖아!

우물

부딪힐 뻔 했어!!

꺄악~!

철썩

쿵쿵

쥐라기는 공룡들의 천국이에요. 아주 큰 공룡부터 작은 공룡까지, 아주 많은 공룡들이 활보했지요. 백악기에 들어 지구의 기후는 급격히 변하기 시작했지요.

공룡들 역시 살아남기 위해 다양한 종이 생겨났어요.

우리나라에도 공룡이 살았을까요?

눈이 오니까 빨리 따뜻한 지역으로 이동하자~!

당연하죠. 한반도도 공룡이 서식하기에 아주 좋은 환경이었지요.

선생님, 철수가 없어졌어요!!

쿵쿵

?

둘리야, 안녕?

우르르

공룡 시대의 동반자,
익룡과 해양 파충류

공룡 시대의 동반자, 익룡과 해양 파충류에 대해 알아봅시다.

6

공룡 시대의 동반자,
익룡과 해양 파충류

교.   초등 과학 4-2   2. 지층과 화석
과.   중등 과학 2   6. 지구의 역사와 지각 변동
연.   고등 지학 Ⅰ   1. 하나뿐인 지구
계.   고등 지학 Ⅱ   5. 지질 조사와 우리나라의 지질

오언이 익룡과
해양 파충류에 대한 이야기로
다섯 번째 수업을 시작했다.

공룡 시대의 동반자라고 하면 하늘을 날던 익룡과 바다의
해양 파충류를 들 수 있습니다. 해양 파충류에는 어룡, 수장
룡이 대표적이지요. 공룡 시대를 살았던 이들 익룡과 해양
파충류는 육지의 공룡 못지않게 그들의 생태계를 잘 지배하
고 있었습니다.

이번 수업에서는 공룡 시대의 동반자로서 하늘과 육지를
지배했던 동물에 대해 공부하기로 하겠습니다.

하늘의 동반자, 익룡

익룡의 출현

익룡은 지구에서 날 수 있는 최초의 척추동물이에요. 초창기 익룡은 크기가 작았으며, 하늘을 잘 날던 동물은 아니었다고 할 수 있습니다. 그러나 그 후 1억 5000만 년 동안 익룡은 꾸준히 진화하여 훌륭한 비행 동물이 되었으며, 어떤 부류는 매우 큰 몸집으로 진화하여 지금까지 나타나지 않았던 가장 큰 비행 동물이 되었어요.

최초의 익룡 화석은 공룡 화석이 발견되기 전인 1700년대 중반에 독일 남부 지역에서 발견되었어요. 이 화석은 소형 익룡의 완벽한 골격 화석으로 세립질 석회암층에 놀랍게도 잘 보존되어 있었지요. 화석은 두 개의 앞발을 가지고 있었는데, 앞발 중 네 번째 발가락은 매우 긴 형태를 하고 있었어요.

처음 본 사람들은 이상한 발가락 형태에 당황하였답니다. 당시 사람들은 이들을 펭귄같이 긴 지느러미를 가진 수영하는 동물의 일종으로 생각하였습니다. 그러나 후에 프랑스 생물학자 퀴비에에 의해 긴 앞발가락이 날개를 받치고 날 수 있는 파충류로 판명되었지요.

과학자의 비밀노트

퀴비에(Georges, Baron Cuvier, 1769~1832)
프랑스의 동물학자이면서 비교 해부학, 고생물학의 창시자이다. 파리 자
연사 박물관의 비교 해부학 교수와 콜레주 드 프랑스의 박물학 교수를
역임하였다. 나폴레옹의 신임을 얻어 장학관으로도 근무하였던 것으로
알려졌다. 그의 저서 《동물계》(1817)에서는 동물을 척추동물, 연체동물,
관절동물, 방사동물로 분류하였다. 실증적 생물학의 확립자로서 진화
론에 반대하여 라마르크설을 비판하고 천변지이설을 주장한 것으
로 유명하다.

익룡(pterosaur)이란 말은 '날개를 가진 도마뱀' 이라는 라
틴어에서 유래되었습니다. 독일의 졸른호펜, 영국 케임브리
지 근처, 미국의 캔자스 주의 니오브리지 초크 지역, 브라질
남서부의 산타나 층과 한국 해남군 우항리 등지가 익룡의 주
요 분포 지역입니다.

유사 동물과의 비교

하늘을 나는 척추동물로는 새 · 박쥐 · 익룡이 있는데, 각자
날 수 있는 능력의 발달이 약간 다르지만 모두 다 앞발(손)이
변하여 길고 가는 팔뼈를 가진 날개가 있다는 공통점을 가지
고 있어요. 그러나 구체적으로 보면 박쥐는 4개의 길고 가는
손가락과 짧은 엄지손가락의 긴 손을 가지며, 새는 손과 손

가락의 뼈가 함께 이어져 있다는 차이점이 있지요.

익룡은 이들과는 또 다른 모양이에요. 3개의 손가락은 짧고, 큰 손톱을 끝에 가지면서 4번째 손가락은 매우 크고 긴 날개를 형성하고 있어요. 팔과 4번째 손가락은 손가락으로부터 뒷발과 몸 옆에 붙어 있는 강인한 발을 유지하며 뻗어 있고, 3개의 짧은 손가락은 먹이를 쥐거나 나무를 오르는 데 적합하게 되어 있지요.

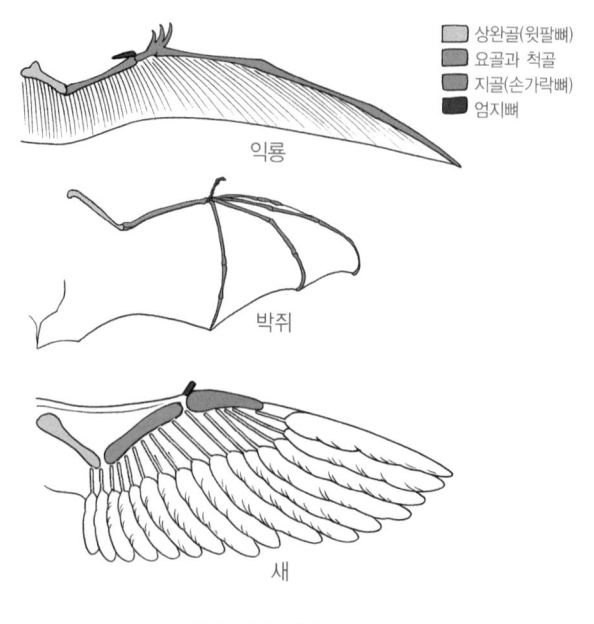

익룡, 박쥐, 새의 날개 비교

익룡의 종류

익룡은 크게 두 가지 형태로 나뉩니다. 하나는 람포린쿠스로 대표되는 람포린코이드이며, 다른 하나는 프테로닥틸루스로 대표되는 프테로닥틸로이드입니다. 람포린코이드는 긴 꼬리와 메타카플(metacarpal)이라는 짧은 손바닥뼈를 가진 반면, 프테로닥틸로이드는 짧은 꼬리와 긴 메타카플을 가진 것이 특징이에요.

람포린코이드 익룡은 지금부터 약 2억 4000만 년 전인 트라이아스기에 처음 나타났습니다. 가장 잘 알려진 종류로는 이탈리아 북부에서 발견된 프레온닥틸루스, 페테이노사우루스, 유디모르포돈 등이라고 할 수 있어요. 이들은 날개폭이 60~100cm 정도로 작은 크기의 익룡이었답니다. 이들은 간단한 원뿔 형태의 치아를 가지고 있어 곤충이나 작은 물고기를 먹기가 쉬웠을 것입니다.

쥐라기 초기에 살았던 익룡으로는 디모르포돈, 캄필로그나토이데스, 도리그나투스 등을 들 수 있지요. 이들의 화석은 영국과 독일의 해안 근처 얕은 바다에 형성된 퇴적암에서 발견되었지요. 람포린쿠스, 스카포그나투스, 소르데스는 잘 알려진 쥐라기 후기 람포린코이드 종류입니다.

람포린쿠스는 날개폭이 1.8m 정도이고 몸 크기가 지금의 오리만 했던 익룡이에요. 이들의 길고 가는 치아는 앞쪽으로 향해 있어 물고기를 무는 데 안성맞춤이었고, 다른 람포린코이드와 마찬가지로 람포린쿠스도 긴 꼬리를 가졌어요. 꼬리 끝의 다이아몬드 모양의 수직 날개는 비행을 조정하는 방향타로 이용되었을 것입니다.

프테로닥틸로이드는 쥐라기 후기 람포린코이드에서 진화한 익룡 그룹입니다. 최초의 프테로닥틸로이드는 쥐라기 후기에 발견되었습니다. 프테로닥틸로이드는 람포린코이드보다 더 큰 머리와 더 긴 목, 그리고 더 짧아진 꼬리를 가지고 있었습니다. 또 손바닥을 구성하는 메타카플이 더 길었음을 알 수 있습니다.

프테로닥틸루스는 초기 프테로닥틸로이드 중 아마 가장 잘 알려진 속(genus)일 것입니다. 여기에는 날개폭이 1.2~2.1m인 소형에서 중형 크기까지 여러 종이 있어요. 대부분의 표본은 독일의 졸른호펜 석회암 지대에서 발견되었습니다. 어떤 것들은 상태가 아주 좋아 날개막의 흔적, 목살, 그리고 몸의 다른 살 부분까지 관찰할 수 있었습니다.

어떤 표본의 흉골 안에는 물고기 뼈가 보존되어 프테로닥틸루스가 작은 물고기를 먹었음을 보여 주는 증거도 있지요.

프테로닥틸로이드는 진화함에 따라 골격에서 중요한 변화가 있었습니다. 가장 뚜렷한 변화는 람포린코이드의 긴 꼬리와 짧은 손바닥뼈에서 진화한 프테로닥틸로이드의 짧은 꼬리와 긴 손바닥뼈이지요. 짧아진 꼬리로 골격이 더 가벼워져 비상하는 데 더 이상 어렵지 않게 되었지요.

훌륭한 비행 동물이었음을 이 짧아진 꼬리로 알 수 있습니다. 즉 이제 비행을 제어하고 균형을 잡는 데 꼬리가 더 이상 필요하지 않았지요. 프테로닥틸로이드의 길어진 손바닥뼈는 날개의 형태를 변화시켜 치솟는 비행에 더 알맞게 되었지요. 이로써 지면에서 걷는 방법도 분명히 변화되었을 것입니다.

우리는 익룡이 땅에서 어떻게 이동했는지에 관심이 많습니다. 어떤 과학자들은 이들이 새나 공룡처럼 두 발로 걸었다고 생각하고, 일부는 네 발로 걸었다고 생각하지요. 백악기 초기가 프테로닥틸로이드의 전성기였지요. 백악기의 익룡이 일반적으로 쥐라기 초기 익룡보다 훨씬 컸습니다.

백악기 후기 대표적인 익룡 화석은 프테라노돈, 케찰코아틀루스, 닉토사우루스를 들 수 있습니다. 프테라노돈은 날개 폭이 6.5m에 달하는 가장 잘 알려진 큰 익룡입니다. 이들은 치아가 없고 길고 날카로운 턱이 있으며 두개골 정상에 뼈로 된 벼슬을 가졌습니다.

프테라노돈은 공중으로 치솟아 오르는 데 잘 적응된 길고 좁은 날개를 가졌는데, 바다 위에서 대부분의 시간을 보냈을 것이라고 생각합니다.

케찰코아틀루스는 날개폭이 11m로 알려진 익룡 중 가장 큽니다. 케찰코아틀루스의 가장 특이한 형태는 매우 긴 목입니다. 케찰코아틀루스는 강이나 시내의 둑을 거닐며 물고기나 개구리, 다른 작은 동물을 잡아먹는 큰 왜가리나 황새처럼 지냈을지도 모릅니다. 또한 좁고 긴 날개를 이용하여 오늘날 독수리처럼 상승 기류에서 빙빙 돌며 평원이나 언덕 위를 비행했을 것입니다.

시대별 특징적인 익룡

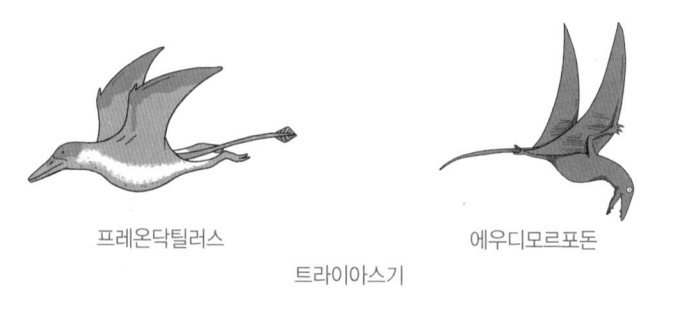

프레온닥틸러스

트라이아스기

에우디모르포돈

디모르포돈

소르데스

쥐라기

타페자라

케찰코아틀루스

백악기

익룡의 비행 이론

익룡의 비행 이론에는 크게 두 가지가 있습니다.

첫째, 익룡의 비행 능력이 달리거나 뛰는 데서 진화했다는 생각입니다. 익룡의 선조는 매우 빨리 달렸으며 곤충을 쫓아 이들을 잡기 위해 공중으로 뛰었을 것이라는 주장입니다. 또한 이들은 포식자를 피하기 위해 공중으로 뛰었을 수도 있다는 것이죠. 일단 공중에 오르면 날개를 흔들면서 뛰어오를 방향을 조절할 능력을 가지게 되었을 것이며, 그 뛰는 거리도 점차 증가했을 것입니다. 그런 후 많은 세대를 거치면서

날개막이 생겨났을 것입니다. 팔의 젓는 효과가 증가하여 뛰는 높이도 증가하였고, 약간의 거리를 미끄러져 날 수 있게 되었지요. 결국에 이 동물은 날개를 파닥거리며 날게 되었을 것입니다. 이 이론은 익룡이 공룡으로부터 진화하였다고 생각하는 과학자들이 선호하는 이론이지요.

두 번째 이론은 익룡이 나무로부터 뛰거나 미끄러지면서 날았다는 이론입니다. 이들은 긴 앞다리와 뒷다리로 나무 사이를 뛰어 이동할 수 있었을 것입니다. 이 방법은 나무에서 내려와 지면으로 이동해 다른 나무에 오르는 것보다 쉬웠을 것입니다.

또한 이 방법은 땅에 있는 포식자를 피할 수 있어 더 안전했을 것입니다. 세대가 지남에 따라 날개막이 발달하였고, 제어 능력이 증가됨에 따라 미끄러져 날 수 있게 되면서 이동거리도 증가했다는 것입니다. 날개를 퍼덕일 수 있게 되자 더욱 먼 거리를 움직일 수 있게 되었고 결국 힘 있는 비행이 가능하게 되었다는 것입니다.

어떤 방법으로 익룡이 날게 되었든지 익룡의 선조는 곤충을 잡아먹었고 이들이 날게 된 뒤부터 물고기를 먹기 시작했을 것입니다. 나무에 앉아 있다가 물 위로 날았을 수도 있었을 것이며 물 위에서 작은 물고기를 향해 돌진했을 것입니다

다. 곤충을 잡아먹었을 것으로 보이는 익룡은 물고기를 잡아
먹는 익룡보다 더 초기의 형태였음을 알 수 있지요.

익룡 발자국 화석

익룡 발자국 화석은 1860년 쥐라기 후기 지층에서 처음 보
고되었으나, 익룡 뼈 화석 연구에 비해 쉽게 발견할 수 없어
소강 상태에 있다가 1950년 이후부터 서서히 연구되어 왔습
니다. 실질적인 연구는 1990년 이후부터 활발히 연구되었다
고 할 수 있습니다.

익룡 발자국 화석의 초기 연구는 미국 애리조나 주의 쥐라

기 모리슨층과 와이오밍의 선댄스층에서 이루어졌습니다. 백악기의 익룡 발자국 화석은 우리나라의 해남군 우항리를 비롯하여 영국, 스페인, 미국 지역에서 나타났지요.

익룡 앞발 발가락은 4개인데 그중 4번째 발가락이 날개를 형성하고 있습니다. 이 앞발이 지표에 찍힐 때는 아주 다양한 모양을 나타내나 일반적으로 초승달 모양에서 사람 귀고리 모양을 하고 있습니다.

해남군 우항리에서 발견된 익룡의 앞발 형태 역시 다른 나라에서 발견된 앞발과 비슷한 모습을 보이고 있지요. 익룡의 뒷발 모양은 사람의 발 모양과 비슷하며 5개의 발가락 흔적

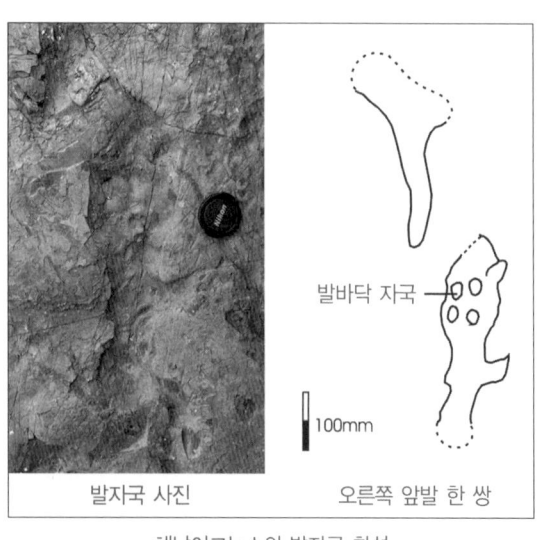

| 발자국 사진 | 오른쪽 앞발 한 쌍 |

발바닥 자국

100mm

해남이크누스의 발자국 화석

이 잘 나타나기도 합니다. 해남군 우항리에서 발견된 익룡의 뒷발자국은 5번째의 짧은 발가락이 나타나거나 자세히 나타나지 않는 경우가 있고 나머지 4개의 발가락이 모아진 형태로 나타나서 물갈퀴를 가졌던 것으로 해석되었지요. 이는 세계적 신종인 '해남이크누스 우항리엔시스($Haenamichnus$ $uhangriensis$)'로 명명되었습니다. 뼈가 아닌 발자국으로 명명된 최초의 신종이지요.

바다의 동반자, 해양 파충류

공룡 시대 바다를 지배했던 파충류 가운데 수장룡인 플레시오사우루스류, 어룡인 모사사우루스류와 이크티오사우루스류는 대표적인 해양 파충류입니다. 이러한 해양 파충류 또한 약 2억 2500만 년 전부터 6500만 년 전까지 바다를 지배했고, 공룡이 육지를 지배하는 동안 거대하고 다양한 해양 파충류로 진화했어요. 해양 파충류 중 몸집이 가장 큰 것은 길이가 18m가 넘는 종도 있었지요.

바다에서 살았던 파충류는 다양하였습니다. 바다거북인 프로테스테기데는 트럭 한 대를 주차할 수 있었을 만큼 넓은 등을 가졌죠. 목이 긴 플레시오사우루스류의 다리는 상어나 돌고래의 지느러미처럼 변형되었기 때문에 이들이 수영에 능숙했음을 알 수 있고, 목이 짧은 도마뱀인 모사사우루스류는 지느러미 모양의 다리와 길고 강력한 꼬리 덕택에 수영에 능숙했다는 것을 알 수 있습니다. 유사한 현재의 동물로 코모도드래곤과 같은 도마뱀을 생각하면 됩니다.

가장 특이한 해양 파충류는 '물고기 도마뱀'이라는 뜻을 가진 이크티오사우루스로 생각합니다. 이크티오사우루스는 상어(어류)와 돌고래(포유류)를 합쳐 놓은 것 같은 몸체를 지닌 어룡에 속하죠.

모사사우루스

모사사우루스라고 불리는 커다란 바다 도마뱀은 백악기에 얕은 대륙성 바다를 지배했습니다. 왕도마뱀(monitor lizard)이나 길러몬스터(gila monsters) 같은 육지 도마뱀과 친척 관계인 최초의 모사사우루스는 약 1m 길이의 수륙 양생 포식자였죠. 나중에 등장한 모사사우루스는 15m 이상까지 자랐으며, 모든 시대를 통틀어 가장 무시무시한 해양 포식자였다고 합니다.

커다란 원뿔형의 이빨과 강력한 턱을 가진 이들의 먹잇감은 큰 물고기와 거북, 그리고 플레시오사우루스 같은 종류도 있었답니다. 일부 모사사우루스는 부수는 데 적합한 뭉툭한 이빨이 발달했으며, 아마도 암모나이트처럼 껍질이 있는 연체동물을 먹었을 것입니다. 커다란 몸집과 수중 생활에 맞게 적응한 구조 때문에 모사사우루스가 이후 육지로 이동했을 가능성은 희박한 듯하며, 이 때문에 암컷은 바다에서 살아 있는 새끼를 낳았을 것입니다.

모사사우루스 연구에서 가장 논란이 많은 분야는 이들이 뱀과 가까운 친척이었는지 아닌지 하는 문제입니다. 뱀과 마찬가지로, 모사사우루스류도 기다랗고 유연한 몸체, 줄어든 사지, 그리고 상당히 잘 움직이는 두개골을 가지고 있었습니다. 이런 이유로 몇몇 전문가들은 뱀과 초기의 모사사우루스를 두고 둘 다 물속에 사는 같은 선조의 후손이라고 주장하기도 합니다. 그러나 또 다른 전문가들은 뱀과 모사사우루스는 서로 관련되어 있지 않고, 둘 사이의 유사점은 오로지 외관일 뿐이라고 주장하기도 하지요.

플레시오사우루스

플레시오사우루스는 목 긴 해양 파충류입니다. 이들은 노토사우루스나 플라코돈트와 같은 집단인 사우롭테리기아에

속합니다. 모든 플레시오사우루스는 날개처럼 생긴 네 개의 지느러미발을 가졌으며, 상당수는 끝이 뾰족한 이빨을 가졌습니다. 이들은 아마도 바다거북이나 펭귄과 같은 방식으로 물속에서 '날' 때 지느러미발을 사용했다고 합니다.

많은 플레시오사우루스들이 긴 목과 작은 두개골을 가진 반면, 플리오사우루스들은 목이 짧았고 두개골도 상당히 컸음을 알 수 있습니다. 리오플레우로돈이나 크로노사우루스처럼 몸집이 가장 큰 플리오사우루스들의 경우, 끝이 뾰족한 거대한 이빨이 있는 두개골의 길이만 3m에 다다를 정도로 큽니다.

이크티오사우루스

중생대의 해양 파충류 이크티오사우루스는 상어나 돌고래를 닮은 생김새로 유명합니다. 발견된 상당수의 이크티오사우루스 화석 중 일부는 피부의 흔적이 잘 보존되어 있기도 합니다. 잘 발달한 이크티오사우루스류는 삼각형의 등지느러미와 주걱처럼 생긴 지느러미 두 쌍, 상어 꼬리처럼 끝이 갈라진 수직형 꼬리를 가졌습니다. 꽉 물 수 있는 기다란 턱과 원뿔형의 이빨은 이크티오사우루스류가 물고기와 오징어를 먹었음을 보여 줍니다. 이러한 사실은 그들의 위 속 내용물

을 통해서도 확증되었습니다.

몸집이 좀 작은 이크티오사우루스는 길이가 1m 정도에 불과했지만, 트라이아스기와 쥐라기 전기에 살았던 거대한 이크티오사우루스는 20m 이상의 길이까지 자라 가장 큰 해양 파충류가 되었습니다. 이크티오사우루스는 백악기가 되면서 수가 줄어들었으며 중생대 말까지 살아남지 못했습니다.

일부 이크티오사우루스류는 배 안에 새끼들의 뼈가 보존된 채로 발견되기도 했지요. 처음에 이를 발견한 전문가들은 이 새끼들이 위에 남은 내용물이며 따라서 동족끼리 잡아먹었다는 증거라고 생각했지요. 하지만 이 뼈들은 출산 전이나 도중에 죽은 새끼라는 사실로 밝혀졌지요.

대부분의 임신한 이크티오사우루스류는 단지 한두 마리 정도의 새끼를 가졌지만, 많게는 열한 마리까지 가진 경우도 있습니다. 새끼들은 태어날 때 꼬리부터 나왔으며 완벽하게 헤엄칠 수 있었다는 것입니다. 그럼 이크티오사우루스는 어떻게 헤엄쳤을까요?

전문가들은 이크티오사우루스가 정확히 어떻게 헤엄쳤는가에 대해 아직까지 논쟁하고 있답니다. 이크티오사우루스는 아마도 갈라진 꼬리를 이용해 물을 헤치고 나갔을 것입니다. 꼬리를 뻣뻣하게 해 주는 섬유 조직 덕분에 꼬리 끝부분

이 관절의 기능을 해서 빠른 속도로 꼬리를 양옆으로 퍼덕거
릴 수 있었겠죠. 강력한 어깨와 날개처럼 생긴 지느러미발이
있기 때문에, 일부 전문가들은 이크티오사우루스류가 지느
러미를 퍼덕이면서 물속에서 '날았을' 것이라고 생각합니다.

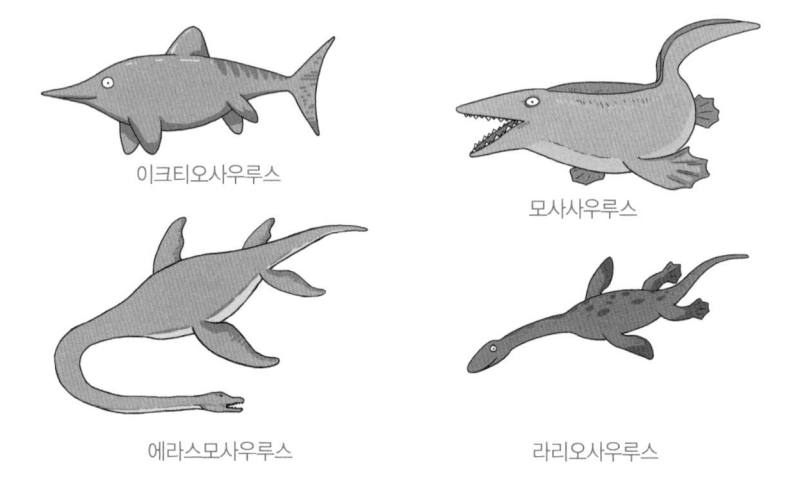

이크티오사우루스

모사사우루스

에라스모사우루스

라리오사우루스

해양 파충류

공룡의 다른 친구들

공룡이 살던 세계는 많은 면에서 오늘날과 크게 다르지 않
다고 봅니다. 현재 동물군을 지배하고 있는 상당수의 작은

동물은 당시에도 수적으로는 공룡군을 능가했다고 합니다.

거미류와 곤충류는 개구리, 도롱뇽, 거북, 도마뱀, 악어 등과 마찬가지로 공룡들과 함께 살았다고 합니다. 뱀과 악어 또한 백악기가 끝나기 전에 출현했으며, 새들은 쥐라기 말에 하늘을 날았고, 백악기에 이르러 종도 다양해지고 수도 많아졌음을 알 수 있지요.

포유류는 공룡이 최초로 진화하기 시작한 트라이아스기 후기에서 화석 기록이 나타납니다. 포유류는 그 수도 매우 많았고 종 역시 다양했으나, 거대한 공룡들이 멸종할 때까지 대체로 작은 동물로 숨어 살았습니다. 중생대 바다에는 벨렘나이트와 암모나이트 같은 두족류 연체동물과 상어 등이 어룡이나 수장룡 같은 해양 파충류와 함께 살아갔습니다.

공룡은 다시 살아나는가?

공룡은 6500만 년 전 어느 날 지구상에서 갑자기 사라졌습니다.
과연 공룡이 다시 살아날 수 있을지 알아봅시다.

일곱 번째 수업

공룡은
다시 살아나는가?

교.   초등 과학 4-2   2. 지층과 화석
과.   중등 과학 2   6. 지구의 역사와 지각 변동
연.   고등 지학 Ⅰ   1. 하나뿐인 지구
계.   고등 지학 Ⅱ   5. 지질 조사와 우리나라의 지질

오언이 영화 〈쥐라기 공원〉의
내용을 언급하며
일곱 번째 수업을 시작했다.

"공룡이 부활하였다. 목이 긴 공룡 브라키오사우루스부터 무시무시한 티라노사우루스와 벨로키랍토르까지, 이들이 인간의 손에 의해 다시 태어나 인간 세상을 어지럽히고 있다."

이 장면은 한동안 우리를 사로잡았던 〈쥐라기 공원〉이라는 영화에서 볼 수 있었던 광경입니다. 마이클 크릭튼과 스티븐 스필버그는 영화 〈쥐라기 공원〉을 통해서 공룡을 부활시킨 것입니다. 공상 과학자들이 공룡 혈액에서 DNA를 추출하는 방법을 발견했기 때문입니다.

과연 공룡이 다시 살아날 수 있을까요? 아니면 공룡은

6500만 년 전 어느 날 지구상에서 갑자기 사라진 것이 아니라 지금의 새(조류)로 진화하여 오늘날까지 살고 있는 것일까요? 이 궁금증은 현재 공룡학자들 사이에서 매우 뜨거운 논쟁거리로 진행되어 오고 있습니다.

이번 수업에서 공룡의 출현과 진화, 멸망에 대한 이야기를 알아보고 공룡이 과연 새로 진화를 하였는가에 대한 과학적 사실과 논쟁적 이론에 관해 이야기하기로 하지요.

또, 영화 〈쥐라기 공원〉에서 말해 주듯이 이미 멸종해 버린 공룡을 과연 복제할 수 있는가에 대해 알아보고, 현대 과학으로 부활하고 있는 공룡 문화 산업에 대해서도 이야기해 볼까 합니다.

공룡의 출현과 진화

최근 미국 뉴멕시코 주 고스트랜치에서 지금으로부터 2억 1500만 년 전 트라이아스기 말기에 해당하는 지층에서 몸길이 1.5m인 공룡의 조상형인 조룡류 드로모메론과 네 발로 걸어 다니며 새로운 형태의 부리 같은 주둥이를 갖추었지만 분류가 확실하지 않은 초식 공룡, 몸길이 2m인 육식성 두 발

공룡 친데사우루스, 육식 공룡 코엘로피시스의 공룡 화석이 다량 발견되었어요. 이 지역은 이미 초창기 공룡 시대 가장 민첩한 육식 공룡으로 알려진 코엘로피시스가 다량으로 발견된 지역으로 유명합니다.

이 발견의 의미를 되새겨 보면 지구상에 공룡의 등장 과정이 공룡의 출현 당시인 트라이아스기에 급진적으로 이루어진 것이 아니라, 당시 함께 살았던 다른 동물들과의 생존 경쟁에서 공룡의 우위 과정이 당장 나타나지 않아 초창기 공룡의 출현이 매우 서서히 그리고 느리게 진행되었다는 새로운 이론을 제시한 것이죠.

즉 모든 생물들의 출현이 급진적이고 우연히 만들어지는 것이 아니라 오랜 치열한 생존 경쟁 속에서 이루어진다는 사실을 뒷받침하고 있는 증거인 셈이죠.

여기에 필요한 생존 법칙은 날로 변화되는 지구 환경 속에서 그들이 어떻게 적응하고 살아왔느냐가 필수적 요소라는 것입니다.

영국 BBC에서 제작한 〈공룡 시대〉라는 다큐멘터리가 있습니다. 여기에는 아주 오래된 지구 생명체들의 진화 과정을 생생히 그려 놓았어요. 지구상 최초의 척추동물인 어류가 어떤 과정을 겪으면서 파충류로 진화했는지, 고생대 페름기 전

기부터 중생대 트라이아스기까지 살았던 파충류의 진화 과정, 파충류 전성시대에 여러 종류의 파충류가 나타나 치열한 생존 경쟁을 통해 진화해 가는 장면, 초기 파충류가 지구의 기후 변화와 생존 환경에 적응하면서 세계의 지배자인 공룡이 되기까지 겪는 진화 과정 등에 대해 영상을 통해 생생하게 볼 수 있었습니다.

더욱이 '공룡 대 포유류의 진화 전쟁' 편에서는 거대한 공룡과 아주 조그만 포유류가 서로 싸우는 장면은 생존 경쟁에서 밀리지 않고 꿋꿋하게 진화해 온 종만이 살아남는다는 진화적 사실을 우리에게 보여 주는 장면이었어요. 이 점은 오늘날까지 인간에게도 적용되고 있음을 우리는 알 수 있지요.

이렇듯 한 생명체가 새로이 탄생하여 모진 지구의 변화무쌍한 자연 속에서 살아남아 자손을 번식하고 그들의 영역을 오랫동안 지킨다는 것은 그리 쉬운 일이 아니라는 교훈을 우리에게 주고 있는 것입니다.

공룡은 과연 멸망하였는가?

공룡은 왜 중생대 말, 지금으로부터 6500만 년 전 갑자기 멸종하였을까요? 1억 6000만 년의 장구한 세월 동안 진화를 거듭하면서 지구의 왕좌를 지켰던 공룡은 어떤 이유로 지구에서 갑자기 사라져 버린 것일까요? 여기에 대한 해답은 아직까지 확실하지 않아요. 공룡의 멸망에 대한 이론으로는 운석 충돌설, 과대 성장설, 식생 변화설, 기후 변동설 등 다양합니다.

이 가운데 운석 충돌설이 지금까지 가장 과학적인 이론으로 받아들여지고 있죠. 운석 충돌설에 대한 사실은 백악기와 신생대 3기 사이의 지층에서 이리듐이라는 원소가 세계적으로 발견되고 있다는 것입니다.

이리듐은 지구 표면에는 매우 적은 원소이며 운석 등 우주에서 날아오는 물질에 많이 포함되어 있는데, 이러한 사실은 거대한 소행성이나 혜성이 지구와 충돌하였음을 의미하는 것입니다.

즉, 운석 충돌설은 행성이 지구와 충돌하고 이 때문에 발생한 탄산가스 등이 지구 대기를 채우고 오존층을 덮으면서 태양으로부터 자외선이 차단되고 수개월 내지 수년 동안 지구가 어두워져 많은 녹색식물부터 멸망하여 결국 공룡도 사라졌다는 이론입니다.

하지만 백악기 말 당시 공룡과 함께 살았던 악어, 도마뱀

과학자의 비밀노트

공룡 멸종 이론

- 운석 충돌설 : 가장 일반적으로 받아들여지고 있는 멸종 이론으로 6,500만 년 전 우주에서 날아온 거대한 운석이 지구와 충돌하고 그에 따른 충격 여파와 지구 환경 변화로 공룡이 멸종하였다는 학설이다.
- 과대 성장설 : 백악기 후기 때 덩치 큰 동물의 경우 갑작스러운 환경 변화로 점점 효율적인 음식물 섭취와 생활이 힘들어져서 커다란 덩치는 결국에 환경에 적응하지 못해서 멸망하였다는 학설이다.
- 식생 변화설 : 공룡 시대 후기 백악기 때 뚜렷한 식물상의 변화가 세계 곳곳에서 나타났다. 이러한 증거들은 화분(꽃가루)을 가진 속씨식물의 등장이다. 그동안 겉씨식물에 익숙한 공룡은 이러한 변화된 식물상으로 효율적인 섭취가 어려웠을 것이다.
- 기후 변동설 : 대규모의 지각 변동(대륙판의 움직임)이 활발해짐에 따라 잦은 지진이나 화산 활동, 공룡이 살고 있는 지형 변화 등 기후의 급격한 변동으로 기후가 점점 악화되어 공룡이 살아남기 힘들었다는 학설이다.

같은 파충류와 바다 속의 상어, 하늘의 새들은 지금까지 생존해 오고 있어 이 이론에 대한 반론도 많지요.

중요한 것은 화석 기록을 보면 공룡은 쥐라기 때 가장 많이 번식하였고 백악기로 접어들면서 서서히 종수가 감소하고 있었어요. 이는 쥐라기 시대가 공룡에겐 가장 살기 좋은 시절이었던 거죠. 영화 〈쥐라기 공원〉이라는 제목도 이러한 뜻을 내포하고 있어요. 백악기로 접어들면서 공룡의 종수가 급격히 감소하고 있음은 당시의 지구 온도와 환경의 변화에 의해 공룡도 잘 견디지 못했다는 말이지요. 결국 공룡 내부의 유전자에 문제가 생겼던 것입니다. 그래서 공룡의 멸종은 어느 날 갑자기 일어난 것이 아니라 이미 서서히 진행되고 있었다는 것입니다. 여기에 운석의 충돌은 공룡의 급진적 멸망을 가시화한 것이죠.

이제 우리는 눈을 돌려 공룡은 어느 날 갑자기 지구상에서 사라진 것이 아니라 지금의 새로 진화하여 그들의 생을 이어오고 있다는 주장에 대해 알아보기로 합시다. 진화론적인 시각에서 보면 좀 달리 생각할 수 있다는 것이지요.

가장 오래된 새로 알려진 시조새를 보면 날개와 깃털이 있어 조류로 보이지만, 긴 꼬리뼈와 이빨, 날개에 달려 있는 손가락 등은 파충류의 특징을 동시에 가지고 있어 파충류가 조류로 진화한 중간 단계의 생물로 보고 있습니다. 이러한 시조새는 가냘픈 소형 수각류인 콤프소그나투스와 해부학적으로 많은 공통점이 있지요.

따라서 파충류가 조류로 진화했다면 소형 육식 공룡만이 새로 진화했을 것으로 생각되고 있지요. 즉 몸집이 크고 목이 긴 용각류나 조각류는 대부분 멸종했고, 몸집이 작은 수각류 육식 공룡만이 지금의 새로 진화했다는 것입니다.

최근 중국 랴오닝 성에서 깃털을 가진 공룡이 발견되어, 공룡과 시조새의 진화 고리를 연결해 주는 새롭고 획기적인 증거가 이러한 사실을 뒷받침하고 있습니다. 공룡은 멸망한 것이 아니라 조류로 진화하여 오늘날까지 생존하고 있다는 이론입니다.

여러분은 어떻게 생각하세요?

중국 랴오닝 성 깃털 공룡 화석지

발견된 깃털 공룡 화석

잃어버린 고리 찾기, 공룡에서 조류로의 진화

오늘날 많은 고생물학자들은 현생 조류는 공룡 중 특정 수각류의 무리로부터 진화하였다고 여기고 있어요. 이는 중국에서 잇따른 깃털 공룡 화석의 발견, 그리고 이전에 이미 알려졌던 조류와 유사한 공룡을 재해석하여 점점 공룡과 조류의 경계가 모호해지고 있다는 것입니다.

실제로 현생 동물을 분류할 때 조류만의 대표적인 고유 특징은 다름 아닌 깃털인데 시조새라고 불리는 아르카이오프테릭스가 처음 발견되었을 때, 골격은 오히려 작은 공룡을 떠올리게 하였지만 뚜렷한 깃털의 존재로 조류로 생각했지요.

현재 대부분의 사람들이 아직까지 아르카이오프테릭스를 완전한 새로 보고 있는 것입니다. 한편으로 아르카이오프테릭스는 조류가 아니라 쥐라기 후기에 유럽에 서식하던 작은 깃털 공룡이었을 가능성에 대한 주장과 그를 뒷받침하는 근거를 제시한 연구들이 점점 늘어나고 있는 추세이지요. 조금 혼란스럽죠?

조류의 기원에 대한 역사를 살펴보면 아주 오래전으로 거슬러 올라갑니다. 1868년과 1870년에 영국의 자연과학자 헉슬리(Thomas Huxley, 1825~1895)가 공룡과 조류 골격 사

이의 유사성 등을 근거로 공룡은 조류와 닮았다는 주장을 하였지요. 헉슬리는 근거 자료로 일부 공룡들과 조류의 매우 유사한 뒷다리 구조, 그리고 소형 수각류를 대표하는 쥐라기 후반 공룡인 콤프소그나투스의 작은 크기와 형태를 바탕으로 조류와 크게 유사하다고 주장하였지요.

하지만 이러한 주장은 덴마크의 고생물학자 헤일만(Gerhard Heilmann, 1859~1946)에 의해 묻혀 버리고 말았습니다. 헤일만은 1926년에 출판한 《새의 기원(The Origin of Birds)》이라는 책에서 아무리 일부 공룡들이 조류와 유사한 형태학적 특성을 보인다 할지라도 일명 'wish bone'이라고 불리는 차골(창사골, furcula)이 공룡에게서 나타나지 않기 때문에 공룡은 결코 새의 조상이 될 수 없다고 주장하였습니다. 이 주장은 1970년대 초반까지 거의 모든 고생물학자와 동물학자에게 받아들여졌지요.

공룡과 조류 사이에서 나타나는 유사성은 그저 생태적 지위를 비롯한 각종 환경적 특성에 의해 서로 비슷한 모양으로 나타나는 특징일 뿐, 공룡과 조류 사이에 계통적 유연 관계가 존재한다고 보지 않았던 거죠. 하지만 이후 차골을 갖추고 있는 여러 종류의 수각류가 발견되었고, 차골이 없다고 생각하던 수각류 공룡이 실제로 차골이 있었다는 사실이 밝혀졌습니다.

　무엇보다 1990년대 중·후반 중국에서 원시 깃털을 갖춘 시노사우롭테릭스가 발견되고, 그 후 연달아 발견된 깃털 공룡과 깃털이 직접적으로 발견되지 않았어도 조류와 공통적인 해부학과 형태학적 특징이 뚜렷이 나타나는 공룡 골격이 발견됨에 따라 현재는 더 이상 공룡과 조류의 연관성을 부정하기 힘들어졌습니다. 최근 벨로키랍토르의 뼈에서도 깃털의 흔적을 발견했으니까요.

시조새, 아르카이오프테릭스 정밀 해부

조류 기원에 대한 관심의 증폭과 각종 학설의 핵심은 1860년 독일 졸른호펜에서 발견된 깃털 화석 아르카이오프테릭스로부터 출발합니다. 이 깃털 화석이 발견되기 전 고생물학계와 동물학계에서는 조류는 그동안 신생대 후기에 최초로 등장했었다고 보고 있었기 때문에 이의 발견은 적지 않은 파장을 불러일으켰죠.

즉, 조류의 기원이 쥐라기 후기 시대로 무려 1억 년 가까이 앞당겨진 것입니다. 이 깃털 화석이 발견된 지 얼마 지나지 않아 보존 상태가 매우 좋은 골격 화석들이 발견되었어요. 특히 이러한 발견들이 다윈(Charles Dawin, 1809~1882)의 《종의 기원》이 출간된 지 2년도 채 되지 않은 시기인지라 진화론자들에게는 매우 좋은 표본들이 제공된 셈이죠.

이 아르카이오프테릭스는 조류뿐만 아니라 파충류의 특징도 갖추고 있어서 일명 '잃어버린 고리의 해결 열쇠'로 여겨지고 있지요.

반면에 독일 뮌헨 출신의 대표적 반(反)다윈 학자인 바그너(Johan Andreas Wagner, 1797~1861)는 파충류의 골격에 단지 깃털만이 붙어 있다고 주장하면서 이는 조류와 관계없이 특정 파충류가 독립적으로 깃털을 획득한 것으로 진정한 조류 깃털과는 무관하다고 하였습니다. 그는 아르카이오프테릭스를 전설에 등장하는 사자 머리에 독수리 몸체를 가진 그리핀(Griffin)을 인용해서 그리포사우루스라는 이름으로 명명하기도 하였지요.

사실 나, 오언도 1861년 당시 현생 조류에서 나타나는 꽁무니뼈(미좌골, Pygostyle)와 달리 파충류 특유의 긴 꼬리에 깃털들이 규칙적으로 나란히 배열된 것에 대하여 많은 관심을 가졌었죠. 아르카이오프테릭스가 비행 깃털이 잘 갖추어진 날개를 뚜렷이 가짐과 동시에 발톱이 존재하는 3개의 손가락이 있다는 것이 나에게 매우 흥미로운 사실이었죠.

또한 뒷다리는 일반적인 조류와 큰 차이가 나타나지 않았고, 조류의 골격적 특징인 차골이 존재하고 조류의 가장 핵심적 특징인 선명한 깃털이 존재한다는 사실은 아르카이오프테릭스가 최초의 조류라고 판명하는 데 의심의 여지가 없다고 말하였죠.

150년이 지난 오늘날에 와서 좀 더 진일보한 연구 결과들이 나오고 있지요. 현재의 관점에서 아직까지는 아르카이오프테릭스가 최초의 조류로 여겨지고 있지만, 2000년대에 들어서서 본격적으로 발견된 깃털 공룡들과 새로운 백악기 조

류들이 발견되었어요.

따라서 아르카이오프테릭스는 직접적인 새의 조상이라기보다 이미 새의 직계 조상이라고 여길 만한 동물이 그 전에 나타났었고, 아르카이오프테릭스는 실제적인 새의 조상과 가까운 관계(근연 관계)에 있는 동물이라는 시각이 지배적으로 자리를 잡고 있지요.

즉 아르카이오프테릭스는 데이노니코사우리아(드로마이오사우루스와 트로돈티드) 공룡 사이에서 나타나는 많은 구조들과 유사하다는 것이죠.

이를 바탕으로 보면 아르카이오프테릭스는 조류가 아니라 깃털 달린 공룡일 가능성이 크다는 것입니다. 30~50cm 정도밖에 되지 않은 몸 크기에 깃털과 날개가 존재하지만, 골격에서 나타나는 형태 및 해부학적 특징이 현재의 조류보다는 소형 수각류와 공통점이 더욱 많다는 것입니다.

더욱이 이빨의 존재, 발톱을 갖춘 앞발, 두 번째 발가락의 특징, 긴 꼬리 외에도 많은 골격적인 공통점이 선명히 나타납니다. 이러한 골격의 특징 때문에 아르카이오프테릭스는 공룡과 조류의 관계를 맺어 주는 핵심 구실을 하는 종으로 생각하고 있습니다.

공룡은 공룡일 뿐이다 – 조류 조상설에 대한 반박

현재는 많은 학자들이 조류와 공룡의 연관성을 받아들이지만, 일부 학자들은 이에 대해 강하게 부정하고 있어요. 그들은 가장 큰 이유로 '시간 개념의 차이'를 말하고 있어요. 이 논의는 미국의 고조류학자인 페두시아(Alan Feduccia)가 처음 제기했는데, 그는 공룡과 조류의 진화적 관계를 설명하는 데 많은 문제점과 논란이 있다고 주장합니다.

우선 조류가 공룡으로부터 진화하였다면 조류와 가장 밀접한 계통적 연관을 갖는 공룡, 즉 마니랍토라 등이 최초의 조

류가 등장하기 이전부터 번성했어야 하는데 지금까지 알려진 이러한 공룡들은 대부분 백악기 시대에 존재하였다는 것이죠. 백악기 때는 이미 조류가 크게 진화하였고 더욱 다양해졌다는 뜻이죠.

단적인 예로 아르카이오프테릭스는 1억 5000만 년 전에 살았지만, 조류와 매우 유사한 데이노니쿠스의 경우 아르카이오프테릭스보다 3500만 년 늦게 등장하였다는 것이죠. 이는 일명 '손자는 조부모가 될 수는 없다'와 같은 맥락으로 해석된다는 것이죠.

그러나 이를 반박하는 연구자들은 시간 개념의 차이를 받아들이지 않고 있어요. 이들은 백악기 때 대부분 서식했던 마니랍토라 공룡은 조류와 밀접한 연관을 가지고 있을 뿐 이들이 조류의 직계 조상이 아니라는 것이죠. 조류의 직계 조상은 그보다 훨씬 이전 시기에 분명히 등장하였다는 것입니다.

최근 이를 뒷받침할 증거가 중국, 미국, 유럽 등지에서 발견되었어요. 보존 상태가 좋지 않고 전체 화석이 아니라 대퇴골과 이빨 화석뿐이라는 일부의 문제가 있으나 이들은 쥐라기층에서 발견되었습니다. 이는 마니랍토라 공룡의 등장 시기가 쥐라기 초로 앞당겨지는 사건이라 할 수 있어요. 중국에서 발견한 깃털 공룡인 안키오르니스, 에피덱십테릭스, 에피덴드로사우루스, 페도페나 등은 아르카이오프테릭스보다 오래된 화석으로 여겨져 공룡의 조류 기원설에 힘을 더하고 있습니다. 이에 대한 연구는 지금 매우 활발하게 진행되고 있습니다.

이와 동시에 공룡에 의한 조류 기원설을 반박하는 학자들의 연구 또한 활발합니다. 특히 이들은 해부학적 특징으로 공룡의 조류 기원설을 반박하는데, 공룡에서는 현생 조류 특유의 해부학적 특징 중 앞발가락, 대퇴골의 고정 여부, 가슴뼈 구조 등이 나타나지 않는다는 것입니다.

공룡에 의한 조류 기원설 주장

공룡에 의한 조류 기원설 반박

서로의 주장이 평행선을 그리며 달려가는 모습 같지만, 해를 거듭할수록 공룡이 새의 조상이라는 이론이 더 탄력을 받고 있는 게 사실인 것 같아요.

공룡을 되살릴 수 있는가?

정말로 공룡을 되살릴 수는 있을까요? 최근 들어 공룡을 복제하려는 시도가 세계 곳곳에서 진행되고 있어요. 이 연구는 공룡 뼈조직의 미세한 구조와 특징을 첨단 기기를 동원하여 관찰과 분석을 하는 연구, 마이크로 수준의 최첨단 기기를 이용하여 분자적 수준까지 접근한 연구들이 점차적으로 늘어나고 있는 추세입니다.

결국 이러한 연구는 공룡을 한때 살아 있던 동물로 이해하기 위한 목적과 공룡을 되살릴 수 있는 방법을 언젠가는 찾겠다는 염원에 관한 것이라고 이해하면 됩니다. 만약 이 연구 결과가 비록 공룡을 복제하지 못한다 할지라도 공룡 뼈조직을 통해 공룡 진화와 멸종에 대한 이론을 정립할 수 있습니다.

이는 결국 날로 고탄소화되고 있는 지구 환경에서 살아남기를 바라는 사람들이 공룡 시대 말 지구에서 어떠한 일들이 벌어졌는가를 알 수 있는 중요한 연구라고 여겨집니다. 또한 이러한 연구를 통해서 공룡과 조류의 연계성을 더욱 확고하게 밝힐 수 있기를 기대하기도 하지요.

공룡을 되살리기 위해서는 우선 공룡의 유전 정보를 담고 있는 DNA가 필요합니다. 공룡 화석으로부터 DNA를 성공적으로 추출하였다는 보고가 2건이나 존재하지만 아직 이에 대한 확증은 없는 것 같아요. 이 2건은 캐나다 앨버타와 일본의 중생대 호박(Amber, 화석화된 수지)을 가지고 실험하였는데, 호박 속에 갇힌 모기에서 공룡의 혈액(피)을 발견하였다고 합니다.

사실 호박에서 화석 모기를 발견하는 것도 매우 힘든 일이

호박 속의 모기 사진

지만, 당장 이들 모기의 소화 기관에서 공룡의 피가 있는지를 알아낸다는 것도 쉬운 일은 아닙니다. 더욱이 이 연구를 위해 아주 귀한 호박 속의 모기를 실험 대상으로 한다는 것은 매우 어려운 일이지요. 그래서 우선 커다란 동물을 무는 데 능숙했던 파리를 대상으로 연구를 진행하고 있습니다. 왜냐하면 모기보다 소화 기관이 커 피를 추출해 낼 확률이 크기 때문입니다. 즉 호박 속에 들어 있는 파리 화석을 통해 공룡의 피가 존재하는지 여부를 밝히는 것이지요.

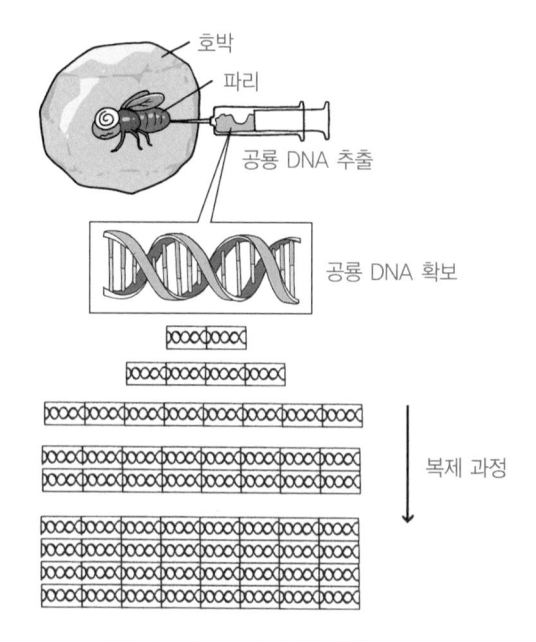

공룡 유전자 코드의 이해를 위한 노력

그러나 이 연구를 통해 공룡의 DNA를 발견했다 하더라도 그 혈액이 어떤 공룡의 것인지 또 밝혀야 합니다. 이를 위해 현재 전 세계 여러 공룡 연구소에서 공룡의 이빨, 혈액, 알에서 DNA를 찾기 위한 연구가 활발히 진행되고 있지요. 만약 유전 물질이 공룡 화석에서 복원된다면 완전히 새로운 연구의 장이 열릴 것입니다.

그러나 현재로 볼 때 공룡 복제와 재생 가능성은 아직 요원하다고 할 수 있습니다. 분자 유전학 연구에 따르면 염기서열로 밝혀진 실질적인 공룡 DNA의 표본 없이는 어떠한 것이 공룡 DNA인지 정확히 알기가 어렵다고 합니다. 또한 DNA는 해당 생물의 생체를 벗어나는 순간 불안정한 상태가 되어 수천 만 년이라는 긴 시간 동안 화석 속에 있던 DNA를 추출하면 DNA가 원래의 염기서열 그대로 완벽히 유지될 가능성이 거의 없다는 것이지요.

설령 공룡의 DNA를 성공적으로 추출하였고 염기서열까지 해독하는 수준까지 갔다 하더라도 손실된 부분은 같은 공룡의 DNA를 이용하여 메워야 한다는 것입니다. 영화 〈쥐라기 공원〉에서처럼 개구리의 DNA를 이용해서 공룡의 손실된 염기서열을 메워서 공룡을 성공적으로 복제하는 일은 실제적으로 불가능하다는 것이지요.

또한 DNA 염기서열 복원에 성공했다는 가정 아래 이를 이용하여 복제를 하려면 해당 공룡의 난모 세포(oocyte)가 필요합니다. 이를 위해서는 현재 살아 있는 중생대 공룡이 필요하기 때문에 실질적으로 불가능하다는 것입니다. 따라서 공룡의 복제는 공룡 유전자 염기서열의 복원, 유전 형질의 발현 촉진을 통해 최종 복제가 이루어지는 어려운 과정을 거쳐야 한답니다. 현재의 기술은 여기까지는 미치지 못하고 있는 실정이지요.

그러나 우리는 이러한 연구를 통해서 수각류 공룡과 조류의 관계, 그리고 이전에 밝혀지지 않은 공룡의 생리적·생태학적·계통적·진화적 특성을 새로운 접근법을 동원하여 최대한 객관적으로 밝히는 연구가 이루어진다면 이 또한 매우 의미 있고 생산적인 일이라는 생각이 듭니다.

오늘날 조류 8,000여 종, 양서류와 파충류 6,000여 종, 포유류 4,000여 종이 있다는 사실을 상기해 보면 지금까지 600여 종만 발견된 공룡에 대한 연구는 복제 차원을 넘어 끊임없이 발견하고 연구해야 할 우리의 과제인 것만은 확실합니다. 우리는 지금까지 기껏해야 20% 정도의 공룡 종을 발견한 것으로 추정되니까요.

문화 산업으로 공룡 되살리기

여러분, 앞서 배운 내용을 보면서 공룡 연구에 대해 새로운 사실을 알았나요? 이렇듯 공룡은 세기를 거듭할수록 끊임없이 우리의 주요 관심사인 것만은 분명해요. 최근 들어 공룡에 대한 우리의 인식은 더욱 진전되었으며, 공룡에 대한 해석도 새로운 연구 결과에 힘입어 극적인 변화를 보이고 있습니다.

박물관에 전시된 공룡 모습이 그저 움직일 수 없는 박제화된 모습이 아니라 우리 앞에서 살아 움직이는 역동적인 공룡으로 탈바꿈되고 있어요. 이제 우리의 교육 프로그램도 변화를 꾀해야 할 것 같아요. 더 이상 공룡이 작은 뇌와 단순한 습성, 차가운 피를 가진 과도하게 자란 도마뱀이 아니라, 알면 알수록 더욱더 놀라운 과학적 매개체라는 사실을 인정하길 바랍니다.

이제 공룡은 세상 많은 사람들을 과학에 열광하게 만들고 있으며, 수많은 나라에서는 하나의 문화 현상이 되었습니다. 이야기, 만화, 책, 애니메이션, 영화의 주인공, 심지어 연극으로 등장하면서 모름지기 공룡은 박물관에서 영화에 이르기까지 모든 부분에서 수입을 창출하는 고도의 첨단 과학,

문화 상품인 것만은 사실입니다. 한국에서 선보인 다큐멘터리 〈한반도의 공룡〉도 이러한 관점에서 세계인의 사랑을 듬뿍 받기를 바랍니다.

8

공룡 세계 여행

세계 각지의 공룡 화석의 보고를 둘러보면서,
공룡에 대한 세계인의 뜨거운 관심을 확인해 봅시다.

교.
과.
연.
계.

초등 과학 4-2
중등 과학 2
고등 지학 Ⅰ
고등 지학 Ⅱ

2. 지층과 화석
6. 지구의 역사와 지각 변동
1. 하나뿐인 지구
5. 지질 조사와 우리나라의 지질

오언이 조금 아쉬워하는 표정으로
마지막 수업을 시작했다.

공룡 화석은 세계 많은 나라에서 발견되고 있어요. 많은 나라에서는 화석이 발견된 지역 현장을 공룡 화석지로 지정하여 보호하면서 그곳에 박물관과 전시관을 지어 자라나는 세대의 교육과 체험 현장으로 활용하고 있지요. 여러분은 자연사 박물관을 가 보았나요? 한국에도 공룡 박물관, 자연사 박물관, 과학관 등 몇 곳이 개관하여 많은 사랑을 받고 있다고 해요.

그러나 200년이 넘은 역사를 가진 외국 박물관에 비하면 이제 출발점이라고 해도 과언이 아닐 것입니다. 많은 나라에

는 공룡 박물관 외에도 특화된 자연사 박물관을 가지고 있지요. 그런데 박물관마다 가 보면 공통점이 있지요. 거의 대부분 로비나 중앙 홀에 공룡이 전시되어 있다는 사실입니다. 그만큼 공룡은 인기 있고 매력적인 유물인 것만은 틀림없는 것 같습니다.

오늘 수업에서는 세계 곳곳에 펼쳐져 있는 공룡 화석지 가운데 주요한 화석지 몇 곳을 소개하고자 합니다. 여러분은 오늘 마지막 수업을 통하여 과거의 공룡 시대로 돌아가는 꿈을 꾸기 바랍니다.

한반도의 공룡 화석지

한반도 남한에는 30여 개가 넘는 공룡 화석지가 있답니다. 물론 화석지별 규모는 서로 다르지요. 그중에서 대표적이면서 현재 유네스코 세계 자연 유산에 잠정 목록으로 지정되어 있는 화석지는 전라남도 해남군 우항리, 화순군 서유리, 보성군 비봉리, 여수시 낭도리, 그리고 경상남도 고성군 등을 들 수가 있습니다. 여기에 경상남도 하동군, 남해군, 마산시, 경상북도 의성군, 경기도 시화호 일대 등에서 공룡 화석을 만날 수 있습니다. 한국의 공룡 화석지는 공룡 발자국, 익룡 발자국, 새 발자국 화석 산지가 많으며 공룡알과 공룡 뼈 산지도 있지요. 이들 중 대부분은 백악기에 해당하고 세계적인 학술적 가치를 가지고 있답니다.

여러분은 한국의 공룡 화석지의 고환경과 고기후에 대해 지난번 다섯 번째 수업에서 이해했으리라 생각합니다. 특히 한국의 남해안 일대에 펼쳐져 있는 공룡 화석지는 마치 떡시루를 쌓아 놓듯 켜켜이 층을 이루며 천혜의 자연 경관과 어울려 보는 이들을 감탄시키기에 충분하답니다.

그래서 대한민국 정부에서는 이 남해안 일대를 '한반도 중생대 공룡 해안(Korean Cretaceous Dinosaur Coast)'이라고 명명하여 세계 자연 유산으로 등재하기 위해 노력 중이

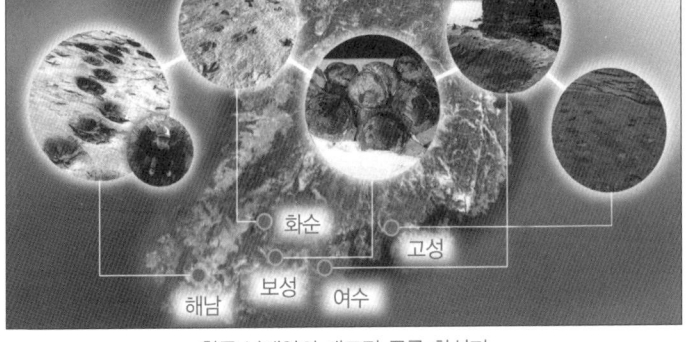

한국 남해안의 대표적 공룡 화석지

랍니다. 북한에는 함경북도 용궁리 공룡 발자국 화석 산지와 신의주 시조새 화석 산지가 있습니다.

몽골 고비 사막

1923년 미국 뉴욕 국립 자연사 박물관 연구팀은 8대의 자동차와 150마리의 낙타를 이끌고 몽골 고비 사막을 탐험하고 있었다. 한 번 불어닥치면 한 치 앞을 내다볼 수 없는 매서운 모래 폭풍과 수시로 변하는 자연 속에서 이들은 수많은 공룡 골격 화석과 공룡알 둥지를 발견하였다.

이들에 의해 발견된 공룡알은 공룡이 파충류나 새처럼 알을 낳는다는 사실을 세계 최초로 세계인에게 알려지게 되었고, 그때부터 본격적인 공룡 화석 발굴이 이루어지는 계기가 되었다.

비록 이들의 탐험 목적이 중앙 아시아에서 포유류의 뿌리를 찾고자 하는 것이었지만, 그들은 10여 년간 고비 사막 대탐험에 의해 공룡의 종류가 무한함을 일깨워 주었고, 파충류와 포유류 간의 진화나 생활사 등을 과학적인 사실로 제공해 주는 업적을 남겼다. 이들의 탐험에 의해 무수한 공룡 화석이 8000만 년의 긴 잠에서 깨어났던 것이다.

몽골 고비 사막은 공룡 연구의 최적지라고 해도 과언이 아닐 것입니다. 지난 수업을 통해서 여러분은 이미 몽골의 자연에 대해 익히 알고 있을 것입니다. 1920년대 미국 자연사 박물관 연구팀의 탐사 이후 이곳에서는 구소련 과학자들에 의해 공룡 탐사와 지질 조사가 이루어졌고, 1963년 폴란드-몽골팀에 의해 고비 투구릭 지역에서 또 하나의 아주 귀중한 화석이 발견되었어요. 육식 공룡 벨로키랍토르와 초식 공룡 프로토케라톱스가 서로 뒤엉킨 자세로 발견된 것이죠.

　이 화석 장면은 여러분도 많은 책을 통하여 보았을 것입니다. 이들 모습을 재현해 보니 벨로키랍토르가 날카로운 두 번째 뒷발톱으로 프로토케라톱스의 배를 찌르고 있고, 프로토케라톱스는 필사의 몸부림으로 벨로키랍토르의 팔을 물고 있는 장면이 죽을 당시 그대로 생생하게 나타난 것이죠.

　이들 공룡은 때마침 불어오는 모래 폭풍에 손쓸 겨를도 없이 그대로 묻혀 버리고 만 것입니다. 모래 폭풍이 없었다면 이들의 싸움 결과가 어떠했을지 알 수는 없으나, 아무튼 이 화석의 발견으로 육식 공룡 앞에 무력하게 무너져 버린 초식 공룡이 아니라는 점과 당시의 혹독한 기후 속에서 이들의 생존 경쟁이 얼마나 뜨거웠는지를 파악할 수 있는 중요한 자료임은 틀림없습니다.

　　고비 사막은 지금 황량한 모래 언덕과 대초원으로 변해 있지만, 이들 공룡이 살았던 8000만 년 전 중생대 백악기 후기 때는 수많은 강과 호수로 이루어진 환경이었으며, 이곳에는 공룡 외에 악어·거북 등의 육상 파충류가 풍부하게 활동한 지역이었습니다.

　　이곳의 퇴적 시기와 환경은 현재 한반도 곳곳에서 발견되고 있는 공룡 화석지와 거의 동일한 백악기 후기 시대로 공룡의 생태나 진화를 비교 연구할 수 있는 좋은 지역으로 여겨지고 있답니다. 공룡들은 이곳에서 생활하다가 죽었으며, 이들은 오랜 시간 동안 이곳에서 화석이 되어 퇴적되어 있다가 모래바람과 비에 의해 조금씩 풍화되어 서서히 지표에 노출된 것이죠.

　　여러분은 이러한 공룡들을 고비 사막 외에 울란바토르에 있는 자연사 박물관에서 만날 수 있습니다. 이곳에는 아시아의 티라노사우루스인 거대한 타르보사우루스가 전시되어 있으며, 알도둑으로 오인된 오비랍토르, 일명 타조 공룡으로 불리는 갈리미무스, 프시테코사우루스, 우리에게 익숙한 프로토케라톱스 등의 다양한 공룡을 볼 수 있습니다.

　　여러분은 몽골 하면 제일 먼저 무엇이 떠오르나요? 한때 유럽과 아시아의 광활한 대륙을 지배했던 칭기즈 칸과 강인

몽골 고비 사막

한 몽골인, 가장 혹독한 날씨 속에서 삶이 아니면 죽음임을 가르치는 몽골 어린이들의 성년식과 유목민의 후예들, 끝없이 펼쳐진 대초원과 무한한 화석의 보고인 고비 사막, 그리고 '몽고점'의 상징인 우랄알타이어족 계열 등 한국 사람들에게는 그리 낯선 땅이 아닐 것입니다. 우리가 그들 고유의 문화와 자연을 알고자 하는 것은 극히 당연한 일인지도 모릅니다.

중국 랴오닝 성 지역

중국 랴오닝 성 지역은 최근 세계적으로 매우 유명한 지역

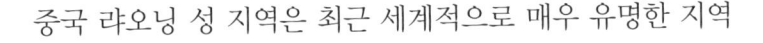

으로 떠올랐습니다. 왜일까요?

이미 여러분이 여러 차례의 수업을 통해서 느꼈겠지만, 이 곳에서는 세계 최초로 깃털 달린 공룡 화석이 발견되었고 지속적인 발굴을 통해서 여러 종류의 깃털 화석이 추가로 발견되었지요.

더욱이 지금까지 백악기 초기에 처음으로 등장하였다는 꽃이 피는 속씨식물이 이 지역의 쥐라기층에서 발견되어 속씨식물의 등장을 쥐라기까지로 끌어올린 중요한 구실을 한 지역이죠.

몇 년 전에는 이들 화석지의 중심 도시인 조양시에서 세계적인 축제가 열렸는데, 축제의 의의는 이 도시를 '세계적인 화석 도시'로 만들어 선포하는 행사였지요.

우리의 또 다른 관심은 중국과 러시아의 국경 지역인 아무르 강 쪽으로도 쏠립니다. 이 지역은 백악기 말과 신생대 초의 접경 지역(일명 K/T 경계 지역)으로서 백악기 말에 일어난 현상을 연구하기 좋죠. 현재 이곳에서는 전 세계 많은 학자들이 매년 함께 모여 발굴을 하고 있답니다. 그런데 이곳은 수풀이 무성해 여름에는 모기가 극성을 부려 학자들이 골치를 썩는답니다.

깃털 공룡이 발견된 중국 랴오닝 성 화석 산지

중국 랴오닝 성 조양시 깃털 공룡 화석 발굴지에
만들어진 공룡 박물관과 야외 체험장

캐나다 앨버타 주립 공룡 계곡

　캐나다에는 유네스코 세계 자연 유산으로 지정된 유명한 공룡 화석지가 있습니다. 캐나다 중부 캘거리에서 약 2시간 거리에 위치한 주립 공룡 계곡이 그곳이지요. 이 지역은 로키 산맥의 서쪽에 위치하며 백악기 후기 공룡들이 대거로 발견되고 있는 지역입니다. 지형은 마치 몽골 고비 사막과 비슷합니다. 높은 산이 하나도 없이 드넓은 퇴적층만 끝없이 펼쳐진 지역이죠.

　이곳에서는 매우 다양한 공룡들이 발견되었는데, 그중 티라노사우루스류 육식 공룡인 앨버타사우루스가 유명하죠.

캐나다 앨버타 공룡 계곡 퇴적층

이 지역 이름인 '앨버타'를 딴 것이죠. 주립 공룡 계곡 옆 도시인 드럼헬러에는 티렐 고생물 박물관이 있습니다. 지질학자인 티렐(Joseph Tyrrell, 1858~1957)의 이름을 따서 만든 공룡 박물관인데, 이곳에는 이 지역에서 발굴된 다양한 공룡들과 함께 발굴된 화석들이 잘 전시되어 있습니다.

캐나다 및 미국에는 수많은 자연사 박물관과 공룡 박물관이 있습니다. 그리고 화석지에는 별도의 전시관과 체험 학습장이 있습니다. 미국의 몬태나, 콜로라도, 와이오밍, 유타, 뉴멕시코 주 등 역시 공룡 화석의 보고이지요.

남미 아르헨티나의 파타고니아

10여 년 전 남미 아르헨티나의 파타고니아 지역에서 공룡 알과 새끼가 무더기로 발견되어 전 세계의 이목을 집중시킨 적이 있습니다. 파타고니아 역시 사람들은 거의 살지 못하는 편평한 평원이지요. 이곳 역시 백악기 시대의 공룡 화석이 발견된 지역으로 유명합니다.

지금의 남미 대륙에도 많은 공룡 화석들이 발견된다는 사실을 보면 이 지역에서 공룡 화석의 발견은 그리 생소한 이야

기가 아닙니다. 다만 앞서 이야기했듯이 이 지역에서 발견된 공룡알 속에 숨어 있는 공룡 배아와 새끼의 발견이 이 지역을 관심 있는 곳으로 만들었습니다. 남미 볼리비아는 아주 큰 퇴적층 구릉에 무수한 공룡 발자국이 발견된 지역으로, 이 지역을 세계 자연 유산으로 신청하기도 했답니다.

아르헨티나 파타고니아의 공룡 화석지

호주 윈턴 공룡 발자국

호주 퀸즐랜드에서 비행기로 약 2시간 거리인 호주 내륙에

윈턴이라는 조그만 도시가 있습니다. 윈턴은 캥거루의 고향이라 할 만큼 이곳저곳에서 캥거루를 볼 수 있는 지역입니다. 여름 저녁이면 캥거루들은 따뜻한 아스팔트 도로 위에서 서성거리는데 자칫 잘못하면 차에 치이기 일쑤입니다.

윈턴에서 차량으로 약 3시간 가면 공룡 발자국으로 유명한 라크 쿼리(Lark Quarry)라는 채석장이 나옵니다. 이곳에는 아주 다양하고 보존이 잘된 공룡 발자국을 볼 수 있습니다. 이들 발자국을 이용하여 초창기 공룡의 자세나 속도 계산법을 만든 털본(R. A. Thulborn)이라는 학자는 지금까지도 이 지역을 연구하고 있답니다. 털본의 계산법은 지금도 공룡 발자국을 연구하는 학자들에게 사용되고 있지요.

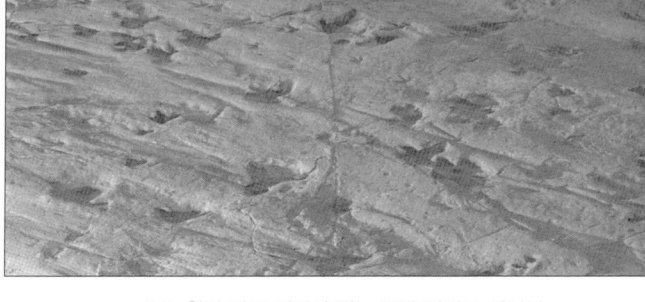

호주 윈턴 라크 쿼리에 있는 공룡 발자국 화석지

에스파냐 테루엘 지역

에스파냐를 비롯하여 유럽 많은 나라에서는 공룡 화석을 아주 오랫동안 연구하고 있습니다. 영국, 벨기에, 독일, 프랑스, 이탈리아, 폴란드, 스위스 등 유럽의 거의 모든 나라가 공룡 연구에 힘을 쏟고 있지요. 영국은 지질학의 본산지일 뿐만 아니라 최초 공룡 화석의 연구 시발지라는 점에서 중요한 나라입니다.

프랑스와 에스파냐 국경 지대에 공룡알이 풍부하게 발견된 지역이 있습니다. 에스파냐에는 공룡 발자국이 많은 지역에서 발견되고 있습니다. 아시아의 한국과 비슷하지요. 이 지역에서는 공룡 발자국 외에 용각류 골격이 제대로 발굴되어 화제를 모은 적도 있습니다.

에스파냐 테루엘 지역 공룡 화석지

남아프리카 공화국

남아프리카 공화국 케이프타운에서 요하네스버그까지 500km가 넘는 길 주변에는 지금으로부터 수억 년 전 곤드와나 대륙의 분열과 이동 흔적이 고스란히 남아 있고, 고생대 말과 중생대 초의 각종 동식물의 멸망과 출현의 화석 기록이 남아 있습니다. 이 화석들은 카루 분지에 대규모로 분포하고 있습니다. 산출된 각종 화석 가운데 고생대 아프리카 대륙을 누벼 온 유명한 포유류형 파충류인 디키노돈과 무수한 중생대 공룡 화석들이 있습니다.

특히 주목할 만한 일은 수많은 디키노돈의 다양한 화석들을 채집하고 보존한 사람들은 다름 아닌 이 지역 농장의 주인인 루비지 가문이었습니다. 그들은 18세기 선조 때부터 이러한 진품 화석들을 모았고, 이 진품들은 농장 내 조그만 박물관에 잘 소장되어 있습니다. 때로는 학술 연구를 하기 위해 많은 사람들이 이곳을 방문한답니다.

이 집안의 손자 격인 루이스 루비지는 현재 이 화석을 연구하는 전문학자로 유명하지요. 화석을 연구하면서 오염되지 않은 시골 농장에서 보내는 시간 또한 여러분이 언젠가는 해 보아야 할 숙제일 것입니다. 대자연은 언제나 말없이 우리를

남아프리카 공화국의 카루 분지

부르기 때문입니다.

이번 마지막 수업에서 여러분에게 여러 곳의 공룡 화석지를 간단히 소개하였습니다. 지면상 화석지마다의 고유한 특징, 발굴된 화석 종류, 고환경 및 주변 지역 다른 화석 산지와의 관계 등 자세한 이야기를 하지 못한 아쉬움이 있습니다. 그러나 여러분도 나와 같은 공룡학자가 된다면 이들 화석지를 방문하고 그곳 학자들하고 함께 연구하는 기회를 많이 가질 것입니다.

사랑하는 한국의 학생 여러분, 이제 공룡 이야기의 대단원의 막을 내려야겠군요. 여러분은 이 책과 수업을 통해서 얼마나 많은 공룡에 관한 지식을 얻었나요? 300년 가까이 전 세계 사람들이 공룡에 관해 연구했건만 아직까지도 밝혀지지 않은 사실이 무척 많다는 것을 여러분도 느끼실 것입니다. 1억 6000만 년 동안 지구를 지배한 공룡들에 대해 이제 겨우 20% 정도를 알았다고 하니까요. 나머지는 여러분의 몫이에요. 전 세계에 펼쳐져 있는 중생대 퇴적층에 숨어 있는 공룡들은 여러분이 오기를 기다리고 있을 테니까요.

위이잉

와! 좋아요!!

자, 이제 그럼 마지막으로 세계 곳곳에 펼쳐져 있는 공룡 화석지를 찾아가 봅시다.

내 다리~

이 기회에 티렉스 수의 다리를 꼭 찾아봐야지.

절룩

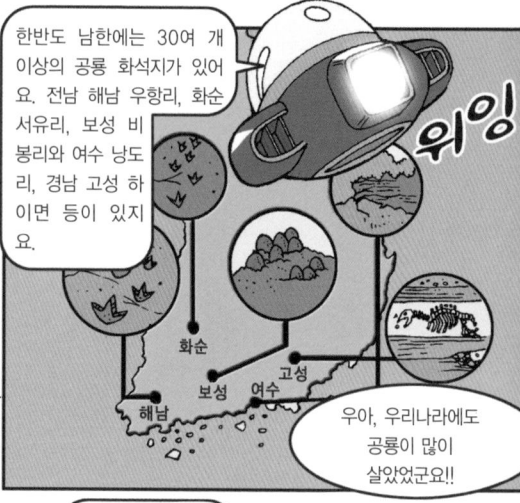

위잉

한반도 남한에는 30여 개 이상의 공룡 화석지가 있어요. 전남 해남 우항리, 화순 서유리, 보성 비봉리와 여수 낭도리, 경남 고성 하이면 등이 있지요.

화순

보성 고성 여수

해남

우아, 우리나라에도 공룡이 많이 살았었군요!!

특히 남해안에 공룡 화석지가 많은데, 이 남해안 일대를 '한반도 중생대 공룡 해안'이라 명명하고, 세계 자연 유산으로 등재하기 위해 노력 중이에요.

와, 떡시루를 쌓아 놓은 것 같아요!!

위잉

여기는 몽골 고비 사막이에요.

사막에도 화석이 있어요?

휘 이 이 잉

먼 옛날에 여기는 사막이 아니었어. 그렇죠, 선생님?

어때, 대단하지?

우와~!!

우아~!!

이 정도면….

그 뿐만 아니라 중국 라오닝 성, 캐나다 앨버타, 남아프리카 공화국에도 거대한 공룡 화석지가 있지요.

아

자

이걸로 티렉스 수의 다리를 만들어 줘야지.

이크, 못 말려!

부록

과학자 소개
과학 연대표
체크, 핵심 내용
이슈, 현대 과학
찾아보기

　오언은 영국의 랭커셔에서 태어났습니다. 어린 시절에 왕립 랭커셔 문법 학교에서 교육을 받았고, 1820년에는 외과 의사를 시작하였습니다. 1824년에는 에든버러 대학교에서 정식 의학도의 길을 걷게 되었습니다. 그는 의학자로서 일을 하면서 점점 비교 해부학에 깊이 빠져들게 되었지요. 오언은 왕립 외과학 대학 박물관의 조수로 일하면서 일련의 표본들을 대상으로 연구를 하였으며, 이윽고 멸종한 생물들을 대상으로 연구 영역을 넓혔습니다.

　1856년에 대영 박물관 자연사 분야의 감독직을 맡으면서 국립 자연사 박물관 건립을 위한 세부적 계획에 열정을 쏟게 되었지요. 그 후 대영 박물관이 소장하고 있던 자연사 관련 표본과 전시물을 런던 시내 남켄싱톤(지금의 영국 자연사 박물관)에 새로 건립될 자연사 박물관으로 옮기게 되면서 감독직을 맡았습니다. 은퇴한 후 1892년에 세상을 떠나기 전까지 리치몬드 파크 지역에서 조용한 노년기를 보냈습니다.

오언은 무엇보다 공룡의 명칭을 정식으로 명명한 학자로 가장 잘 알려져 있습니다. 의학, 생물학, 비교 해부학, 고생물학자이기도 했는데, 진화론의 지지자이긴 했지만 다윈이 주장한 자연 선택에 의해서 단순히 진화가 이루어지는 것이 아니라 훨씬 복잡한 과정을 통해 진화가 이루어진다고 주장했습니다. 이러한 주장은 최근에 '진화적 발생 생물학'에 대한 이론들이 확립되면서 오언의 주장에 많은 힘이 실리고 있습니다.

오언은 현생과 과거의 무척추동물과 척추동물에 대한 폭넓은 연구를 바탕으로 당시 많은 사람들에게 동물들의 해부학적 특징에 대한 지식과 이론을 널리 알리게 되었으며, 파충류 골격에 대한 연구로 대형 파충류 화석들인 메갈로사우루스, 이구아노돈을 바탕으로 '공룡'이라는 새로운 과거 중생대 대형 육상 파충류 분류군을 명명하기도 하였습니다.

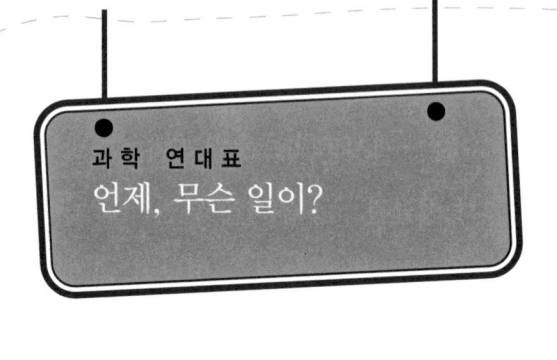

과학사

메리 앤 멘텔
이구아노돈 화석 발견

1822

버클랜드
메갈로사우루스를 명명함으로써 최초로
공룡의 과학적인 명명이 이루어짐

1824

기딘 맨텔
이구아노돈을 명명함

1825

오언
'공룡(Dinosauria)' 이라는 분류군을
정식으로 명명함

1842

브라운
최초의 공식적인 티라노사우루스
화석 발견

1902

세계사

● 브라질, 포르투갈로부터 독립 선언

● 미국, 해방 노예들이 라이베리아를
건국

● 영국, 세계 최초의 증기 기관차
로코모션 호 운행

● 청나라, 제1차 아편 전쟁의 결과로
영국과 난징 조약 체결

● 프랑스, 퀴리 부부가 염화라듐
정제

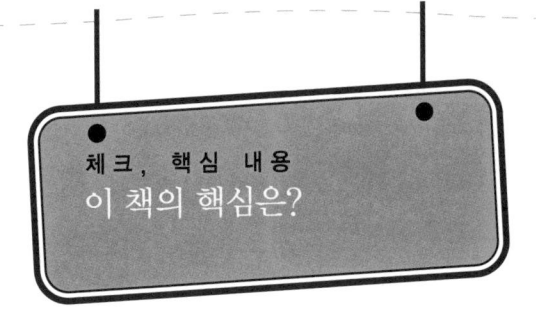

체크, 핵심 내용
이 책의 핵심은?

1. 공룡은 지질 시대 중 □□□에 살았습니다.
2. 최초로 공룡이라고 명명된 화석은 □□□□□□□ 입니다.
3. 영국의 메리 앤 맨텔은 □□□□□의 화석을 처음으로 발견하였습니다.
4. 19세기 후반, 미국 마시와 코프라는 두 명의 고생물학자는 화석을 연구하는 과정에서 '□의 전쟁'이라고 일컬을 정도로 심하게 논쟁을 벌였습니다.
5. 공룡이라는 이름을 처음으로 제안한 학자는 □□입니다.
6. 이크티오사우루스는 공룡 시대 해양 파충류 가운데 대표적인 □□ 화석입니다.
7. 영화 〈쥐라기 공원〉에서는 □□이라는 광물에서 공룡 피를 뽑아내어 DNA를 채취해 공룡을 재현합니다.

1. 중생대 2. 메갈로사우루스 3. 이구아노돈 4. 뼈 5. 오언 6. 어룡 7. 호박

　헉슬리가 19세기 최초로 주장했던 공룡의 조류 기원설은 오랜 세월 동안 학계에서 묵살되었으나, 현재 많은 학자들은 조류가 공룡의 직계 후손이라고 여기고 있습니다. 이에 대한 구체적인 근거는 다음과 같습니다.

• 깃털 – 1861년 독일 남부에서 아르카이오프테릭스를 발견한 이후 1990년대 중·후반 이 깃털 공룡들이 지속적으로 발견됨에 따라 공룡과 조류의 관계를 나타내는 증거들이 더욱 확연해졌습니다.

• 골격 – 공룡과 조류의 골격을 비교해 보면 그들의 유사성을 알 수 있습니다. 특히 마니랍토르류의 골격은 조류와 많은 부분에서 유사하게 나타납니다.

• 폐 – 미국의 오코너(Patrick O'Connor, 1955~) 교수에 의하면 대형 수각류의 폐는 골격 내 텅 빈 공간에 공기를

내뿜어(펌프) 주었다고 주장합니다. 이러한 현상은 현재 조류에서 나타나는 특징입니다.

- **심장** – 2심방 2심실을 갖추고 있는 현생 조류와 악어의 비교를 통해서 이들이 공룡과 계통적 유연 관계를 갖는다는 사실을 바탕으로 공룡도 그러한 심장을 가졌었다고 주장합니다.

- **생식 · 번식** – 알을 낳는 암컷 새들의 뒷다리뼈에서는 특별한 뼈조직이 형성되어 있는데, 이는 바로 칼슘 함유량이 풍부한 골수골입니다. 티라노사우루스 렉스의 뒷다리뼈에서 이러한 뼈조직의 흔적이 남아 있다는 것이 발견되었습니다.

- **포란과 새끼의 양육** – 알 둥지 위에 포란 자세를 그대로 유지한 상태로 오비랍토르류인 시티파티의 화석이 발견되었습니다. 특히 알을 품는 자세가 현재 조류와 매우 유사하였습니다.

- **위석** – 위석은 위에서 단단한 음식물 등의 소화를 위해 삼키게 되는 작은 돌들인데, 이러한 돌들이 현재 조류뿐만 아니라 일부 어류와 악어에서도 종종 발견됩니다.

찾아보기

어디에 어떤 내용이?

ㄱ

검룡 22
고생물학 30
곡룡 22

ㄷ

동일 과정설 41

ㄹ

린네 24
린네식 분류법 23

ㅁ

마르기노케팔리아 22
메갈로사우루스 55
메리 애닝 60

ㅂ

바커 52
버클랜드 55
벨로키랍토르 12
분기법적 분류 23
분화석 70
브라키오사우루스 12

ㅅ

수각류 22
실리 20

ㅇ

어룡 132
오스트롬 52
용각류 22
용반류 20

위석 70, 89
이구아노돈 55
이크티오사우루스 60
익룡 119

ㅈ
조각류 22
조반류 20
종 24

ㅊ
체화석 36

ㅌ
티라노사우루스 12
티레오포라 22

ㅍ
프테로닥틸루스 60

ㅎ
하드로사우루스 62

해남이크누스 14
해양 파충류 131
허턴 41
화석 36
흔적 화석 36

개정판＋신판

과학자가 들려주는 과학 이야기(전 130권)

정완상 외 지음 | (주)자음과모음

위대한 과학자들이 한국에 착륙했다!
어려운 이론이 쏙쏙 이해되는 신기한 과학수업,
〈과학자가 들려주는 과학 이야기〉 개정판과 신간 출시!

〈과학자가 들려주는 과학 이야기〉 시리즈는 어렵게만 느껴졌던 위대한 과학 이론을 최고의 과학자를 통해 쉽게 배울 수 있도록 했다. 또한 지적 호기심을 자극하는 흥미로운 실험과 이를 설명하는 이론들을 초등학교, 중학교 학생들의 눈높이에 맞춰 알기 쉽게 설명한 과학 이야기책이다. 특히 추가로 구성한 101~130권에는 청소년들이 좋아하는 동물 행동, 공룡, 식물, 인체 이야기와 최신 이론인 나노 기술, 뇌 과학 이야기 등을 넣어 교육 과정에서 배우고 있는 과학 분야뿐 아니라 최근의 과학 이론에 이르기까지 두루 배울 수 있도록 구성되어 있다.

★ 개정신판 이런 점이 달라졌다! ★

첫째, 기존의 책을 다시 한 번 재정리하여 독자들이 더 쉽게 이해할 수 있게 만들었다.

둘째, 각 수업마다 '만화로 본문 보기'를 두어 각 수업에서 배운 내용을 한 번 더 쉽게 정리하였다.

셋째, 꼭 알아야 할 어려운 용어는 '과학자의 비밀노트'에서 보충 설명하여 독자들의 이해를 도왔다.

넷째, '과학자 소개 · 과학 연대표 · 체크, 핵심과학 · 이슈, 현대 과학 · 찾아보기'로 구성된 부록을 제공하여 본문 주제와 관련한 다양한 지식을 습득할 수 있도록 하였다.

다섯째, 더욱 세련된 디자인과 일러스트로 독자들이 읽기 편하도록 만들었다.